物联网通信技术及应用发展研究

李春国 等著

中国水利水电出版社
www.waterpub.com.cn
·北京·

内 容 提 要

在物联网中，通信技术起着沟通桥梁的作用，将分布在各处的物体互联起来，实现真正意义上的“物联”。本书对物联网通信技术及应用发展进行了研究，力求突出系统、创新、实用的特色。

本书主要内容包括物联网的短距离通信技术、物联网的WSN、云计算与大数据、物联网典型应用等。

本书结构合理，条理清晰，内容丰富新颖，具有较强的可读性，可供从事物联网研究的专业技术人员、管理人员参考使用。

图书在版编目(CIP)数据

物联网通信技术及应用发展研究 / 李春国等著 . — 北京 : 中国水利水电出版社 , 2019.5 （2024. 10重印）

ISBN 978-7-5170-7721-3

Ⅰ . ①物… Ⅱ . ①李… Ⅲ . ①互联网络－应用－研究 ②智能技术－应用－研究 Ⅳ . ① TP393.4 ② TP18

中国版本图书馆 CIP 数据核字（2019）第 108985 号

书　　名	**物联网通信技术及应用发展研究** WULIANWANG TONGXIN JISHU JI YINGYONG FAZHAN YANJIU
作　　者	李春国　等著
出版发行	中国水利水电出版社 （北京市海淀区玉渊潭南路 1 号 D 座　100038） 网址：www.waterpub.com.cn E-mail：sales@waterpub.com.cn 电话：（010）68367658（营销中心）
经　　售	北京科水图书销售中心（零售） 电话：（010）88383994、63202643、68545874 全国各地新华书店和相关出版物销售网点
排　　版	北京亚吉飞数码科技有限公司
印　　刷	三河市华晨印务有限公司
规　　格	170mm × 240mm　16 开本　11.5 印张　206 千字
版　　次	2019 年 7 月第 1 版　2024 年 10 月第 3 次印刷
印　　数	0001—2000 册
定　　价	58.00 元

前 言

物联网是通过各种信息传感设备及系统(传感网、射频识别系统、红外感应器、激光扫描器等)、条码与二维码、全球定位系统,按约定的通信协议,将物与物、人与物连接起来,通过各种接入网、互联网进行信息交换,以实现智能化识别、定位、跟踪、监控和管理的一种信息网络。它是继计算机、移动通信和互联网之后新一轮的信息技术革命,是信息产业领域未来竞争的制高点和产业升级的核心驱动力,是当前世界新一轮经济和科技发展的战略制高点之一。

物联网通过传感/识别器和网络,将物理世界、数字世界以及人类社会等诸多对象连接起来,实现信息的感知、识别、处理、态势判断和决策执行,达到智能控制和管理的目的。物联网所涵盖的技术范围很广泛,随着相关技术发展逐渐成熟,物联网的应用领域逐渐扩宽,获得广泛的应用,从全社会层面提升人们的生产、生活水平。条形码这种自动识别技术(Auto-ID)就是物联网的最初应用。除了物流领域,物联网还可以广泛应用在道路、交通、医疗、能源、家用电器监控等各个领域。物联网的发展要求将新一代信息化技术充分运用在各行各业之中,具体地说,就是把诸如感应器、RFID 标签等信息化设备嵌入和装备到电网、铁路、桥梁、隧道、公路、建筑、供水系统、大坝、油气管道、商品、货物等各种物理物体和基础设施中,甚至人体里,将它们普遍互联,并与互联网连接起来,形成“物联”。

物联网让生活中的任何物品都可以变得“有感觉、有思想”,因此物联网技术是未来信息技术浪潮和新经济的引擎。我国已经将发展物联网确定为国家发展战略,并且已经明确了未来的发展方向和重点领域,一些财政措施、金融政策也正在逐步落实。在这种背景下,针对物联网高速发展的现状,一本比较全面详细的关于物联网技术方面的书籍将对人们认识和利用物联网起到很好的推动作用,为此作者写作了此书。本书第 1 章论述了物联网的产生与发展,物联网的国内外现状,同时论述了物联网的关键技术,物联网的主要挑战和问题;第 2 章分析了物联网中短距离无线通信技术,如 RFID、ZigBee、NFC、蓝牙技术、WiMAX、超宽带技术、M2M 技术、D2D 技术、EPC 技术;第 3 章对物联网的 WSN 进行讨论,内容包括 WSN 概述、IEEE 802.15.4 标准、IEEE 802.15.4 MAC 层协议、IEEE 802.15.4 帧结构、IEEE 802.15.4 安全分析；第 4 章对当前极为流行的云计算与大数据进行分析；第 5 章介绍了物联网在智能电网、智能交通、智能医疗、智能环保、智能城市、智能家居、智慧农业、区块链、电子标签及其物流等领域的典型应用。

本书力求突出系统性、创新性、实用性等特色。书中对基本概念、基本知识、基本理论都给予了准确的表述，论述风格严谨、求实，并在内容表达上力求由浅入深、通俗易懂。在形式体例上力求科学、合理，使之系统化和实用化。在逻辑性上，循序渐进地将物联网的理论、技术等内容进行介绍。把抽象的理论与生动的实践有机地结合起来，使读者在理论与实践的交融中对通信技术与物联网有全面和深入的理解和掌握。本书可作为物联网相关专业人员的参考用书。

本书在写作过程中，得到了很多同行的帮助，在这里表示感谢；同时书中还引用了一些资料和文献的观点，在此对本书的参考文献的作者表示衷心的感谢。由于作者水平有限，写作过程中难免有疏漏和不足之处，望广大读者批评指正，不吝赐教。

需要说明的是，通信技术与物联网的相关知识并不止于本书的内容，尤其是其中的一些技术也在随着科技的发展而不断更新变化，这还需要人们结合自身实际，不断学习，唯有如此，才能百尺竿头更进一步！

作　者

2019 年 2 月

目　录

第 1 章　物联网关键技术概述

物联网就是通过智能感知、识别技术与普适计算、泛在网络的融合应用，将人与物、物与物连接起来的一种新的技术综合，是继计算机、互联网和移动通信技术之后世界信息产业最新的革命性发展，已成为当前世界新一轮经济和科技发展的战略制高点之一。作为一个新兴的信息技术领域，物联网已被美国、欧盟、日本、韩国等国家和地区所关注，我国业已将其列为新兴产业规划五大重要领域之一。物联网已经引起了各国政府、生产厂家、商家、科研机构，甚至普通老百姓的共同关注。

在“信息化”时代的今天，互联网经过近三十年的发展，已经初见成效。数据显示，2015 年中国物联网整体市场规模高达 7500 亿元，业界预测，物联网将是互联网之后的下一个风口，下一个推动世界高速发展的“重要生产力”。

1.1　物联网的产生与发展

物联网（Internet of Things，IoT）是指通过传感器、射频识别技术、全球定位系统等技术，实时采集任何需要监控、连接、互动的物体或过程，通过网络接入实现物与物、物与人的泛在链接，实现对物品和过程的智能化感知、识别和管理（图 1.1、图 1.2）。

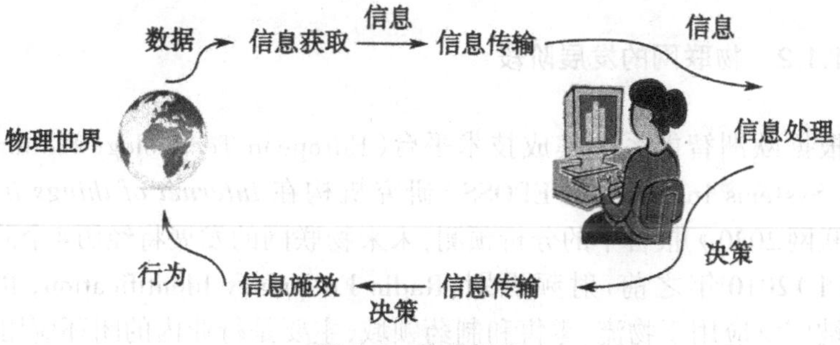
数据
信息获取
信息
信息传输
信息
物理世界
信息处理
决策
行为
信息施效
信息传输
决策

图 1.1　物物相连

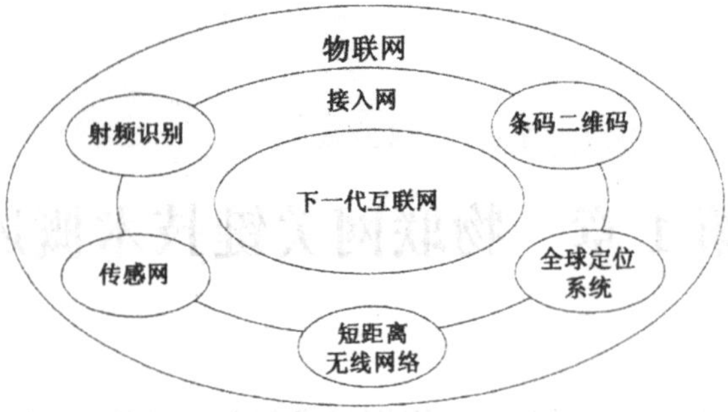
物联网
接入网
射频识别
条码二维码
下一代互联网
传感网
全球定位
系统
短距离
无线网络

图 1.2　物联网的概念模型

1.1.1　物联网的产生背景

物联网传感网的构想最早由美国军方提出，起源于 1978 年美国国防部高级研究计划局资助卡耐基梅隆大学（Carnegie Mellon University）进行分布式传感器网络研究项目。

物联网通信的实践是在 1995 年，在美国卡耐基梅隆大学的校园里有一台自动可乐售货机，人们为了能够实时监控售货机的可乐销售情况，以免售空白跑一趟，便给售货机安装了计数器，并把数据通过传感器实时发送到互联网上，这就是人类实现物联网通信的第一次尝试。

而物联网概念最早提出于 1999 年，定义为"Internet of Things"一词，其定义很简单，即把所有物品通过射频识别和条码等信息传感设备与网络连接起来，实现智能化识别和管理。在过去的几年时间里，物联网已经被普通百姓所认知，物联网也正在各领域被高度关注。关于物联网的产业规模，不同渠道的说法也不尽相同。

物联网的大发展是与我国的"两化融合"战略分不开的，客观地说，是信息化和工业化的融合加速了物联网进程。物联网发展的社会背景如图 1-3 所示。

1.1.2　物联网的发展阶段

根据欧洲智能系统集成技术平台（European Technology Platform on Smart Systems Integration，EPOSS）研究机构在 *Internet of things in*2020（《物联网 2020》）报告中的分析预测，未来物联网的发展将经历 4 个阶段：

（1）2010 年之前，射频识别（Radio Frequency Identification，RFID）技术被广泛应用于物流、零售和制药领域，主要是行业内的闭环应用。

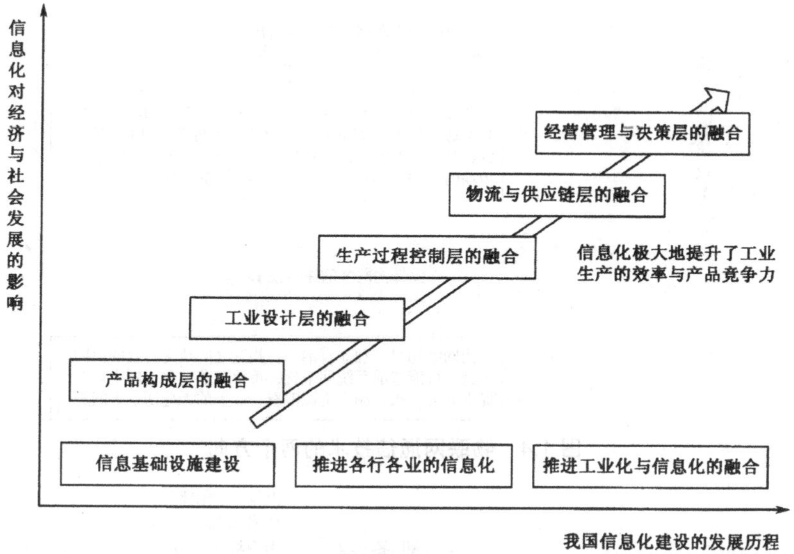
信息化对经济与社会发展的影响
经营管理与决策层的融合
物流与供应链层的融合
生产过程控制层的融合
信息化极大地提升了工业生产的效率与产品竞争力
工业设计层的融合
产品构成层的融合
信息基础设施建设
推进各行各业的信息化
推进工业化与信息化的融合
我国信息化建设的发展历程

图 1.3　物联网发展的社会背景

（2）2010 年至 2015 年，将有大规模人们感兴趣的物体被连接到物联网。

（3）2015 年至 2020 年，连接到网上的物体进入半智能化阶段，实现物联网和互联网的融合。

（4）2020 年后，被物联网连接的物体进入智能化阶段，无线传感器网将得到广泛应用。

21 世纪的物联网技术革命是信息化与智能化融合的结果，它将在全球产业化、城市化和传统产业的升级改造过程中发挥极其重要的作用，成为新一轮全球经济和社会发展的主导力量。

1.1.3　物联网通信技术的发展方向

通信技术为物联网提供了关键的支撑，从物联网通信技术发展所面临的问题，以及信息和网络技术发展的趋势上看，物联网通信技术将重点发展适应“泛在网络”的通信技术和支撑异构网络的通信技术（图 1.4）。

面对日益复杂的异构无线环境，为了使用户能够便捷地接入网络，轻松地享用网络服务，“融合”已成为信息通信业的发展潮流。应在三个方面进行网络融合（图 1.5）。

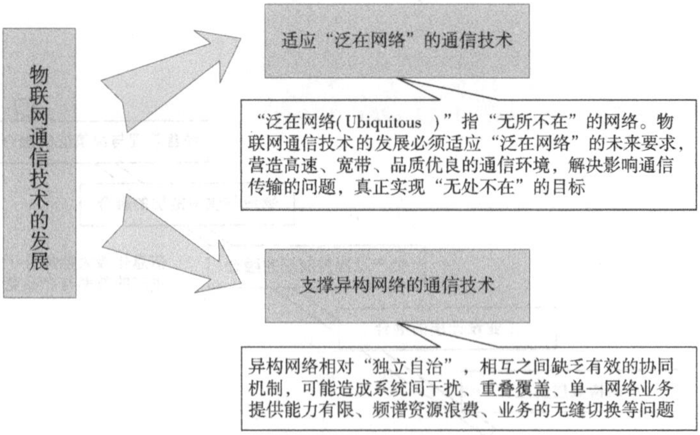
物联网通信技术的发展
适应“泛在网络”的通信技术
“泛在网络(Ubiquitous)”指“无所不在”的网络。物联网通信技术的发展必须适应“泛在网络”的未来要求，营造高速、宽带、品质优良的通信环境，解决影响通信传输的问题，真正实现“无处不在”的目标
支撑异构网络的通信技术
异构网络相对“独立自治”，相互之间缺乏有效的协同机制，可能造成系统间干扰、重叠覆盖、单一网络业务提供能力有限、频谱资源浪费、业务的无缝切换等问题

图 1.4　物联网通信技术的两个方向

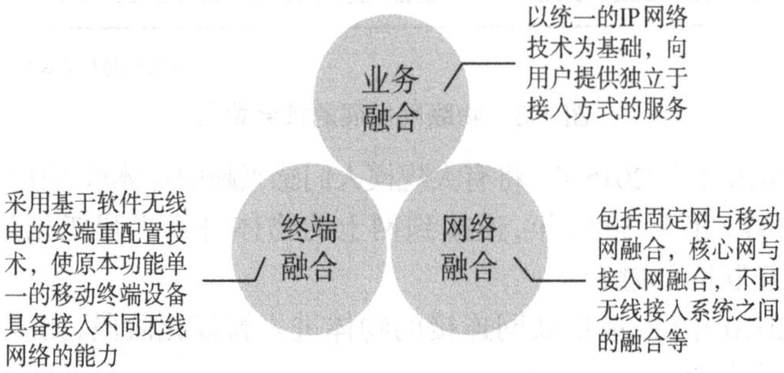
业务融合
以统一的IP网络技术为基础，向用户提供独立于接入方式的服务
终端融合
采用基于软件无线电的终端重配置技术，使原本功能单一的移动终端设备具备接入不同无线网络的能力
网络融合
包括固定网与移动网融合，核心网与接入网融合，不同无线接入系统之间的融合等

图 1.5　网络通信的融合

1.2　物联网的国内外现状

物联网通信是继计算机、互联网与移动通信网之后的世界信息产业的第三次浪潮。目前世界上有多个国家花巨资深入研究探索物联网通信，中国与德国、美国、英国等国家一起，成为国际标准制定的主导国。

1.2.1　中国的“感知中国”

在中国，物联网开始向“感知中国”起跑。物联网作为一个新经济增长点的战略新兴产业，具有良好的市场效益，根据前瞻产业研究院发布的《2016—2021 年中国物联网行业应用领域市场需求与投资预测分析报告》，2014 年，中国物联网市场规模达 6010 亿元，同比增长 25.21%；2015

年，中国物联网整体市场规模达到 8130 亿元，同比增长 35.27%。近几年的物联网市场发展情况如图 1.6 所示。

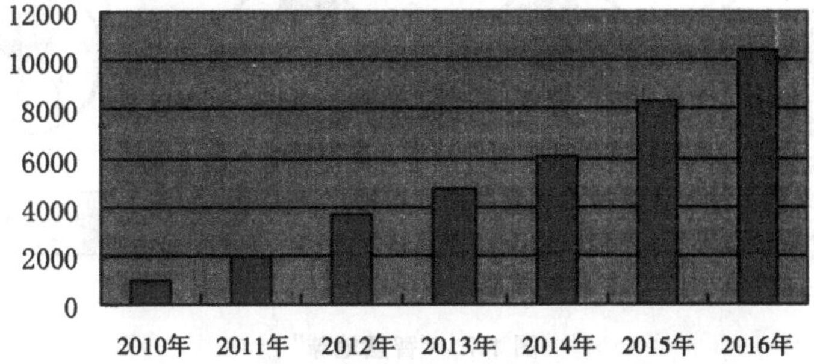
12000
10000
8000
6000
4000
2000
0
2010年
2011年
2012年
2013年
2014年
2015年
2016年

图 1.6　2010—2016 年中国物联网市场规模(单位：亿元)

1.2.2　日本的“U-Japan”计划

日本的“U-Japan”计划通过发展“无所不在的网络”(U 网络)技术催生新一代信息科技革命。日本“U-Japan”战略的理念是以人为本，实现所有人与人、物与物、人与物之间的连接，即所谓 4U (Ubiquitous：无所不在，Universal：普及，User-oriented：用户导向，Unique：独特)。

2009 年 8 月，日本又将“U-Japan”升级为“I-Japan”战略，提出“智慧泛在”构想，将传感网列为其国家重点战略之一，致力于构建一个个性化的物联网智能服务体系，充分调动日本电子信息企业积极性，确保日本在信息时代的国家竞争力始终位于全球第一阵营。

1.2.3　韩国的“U-Korea”战略

韩国成立了国家信息化指挥、决策和监督机构——“信息化战略会议”及“信息化促进委员会”，为“U-Korea”信息化建设保驾护航。韩国信息和通信部则具体落实并负责推动“U-Korea”项目的建设，重点支持“无所不在的网络”相关的技术研发及科技应用，希望通过“U-Korea”计划的实施带动国家信息产业的整体发展。

1.2.4　美国的“智慧的地球”

奥巴马就任美国总统时，与美国工商业领袖举行了一次“圆桌会议”，作为仅有的两名代表之一，IBM 原首席执行官彭明盛首次提出“智慧地球”(图 1.7)这一概念，建议新一届政府投资新一代的智慧基础设施。

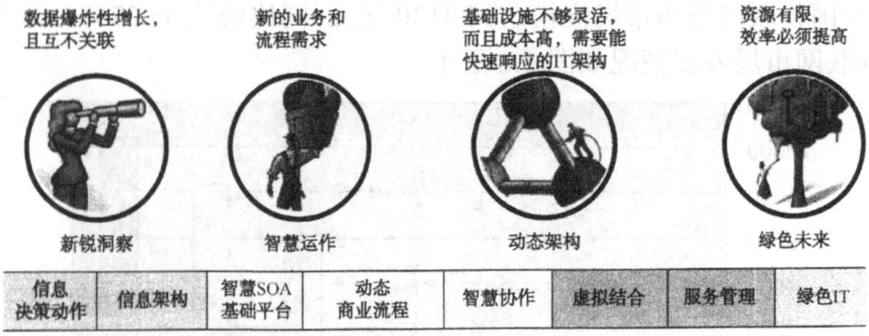
数据爆炸性增长，
且互不关联
新的业务和
流程需求
基础设施不够灵活，
而且成本高，需要能
快速响应的IT架构
资源有限，
效率必须提高
新锐洞察
智慧运作
动态架构
绿色未来
信息
决策动作
信息架构
智慧SOA
基础平台
动态
商业流程
智慧协作
虚拟结合
服务管理
绿色IT

注：SOA（Service-oriented Architecture）指面向服务体系架构。

图 1.7 “智慧地球”

“智慧地球”就是利用 IT 技术，把铁路、公路、建筑、电网、供水系统、油气管道乃至汽车、冰箱、电视等各种物体连接起来形成一个“物联网”，再通过计算机和其他方法将物联网整合起来，人类便可以通过互联网精确而又实时地管控这些接入网络的设备，从而方便地从事生产、生活的管理，并最终实现“智慧的地球”这一理想状态。

1.3 物联网的关键技术

物联网作为战略新兴产业之一，已经引发了相当热烈的研究和探讨。物联网多样化、规模化与行业化的特点，使得物联网涉及的技术非常多，我们需要从物联网应用系统设计、组建、运行、应用与管理的角度，归纳共性关键技术，如图 1.8 所示。这些技术之间相互影响，相互促进，共同支持了物联网的快速发展。

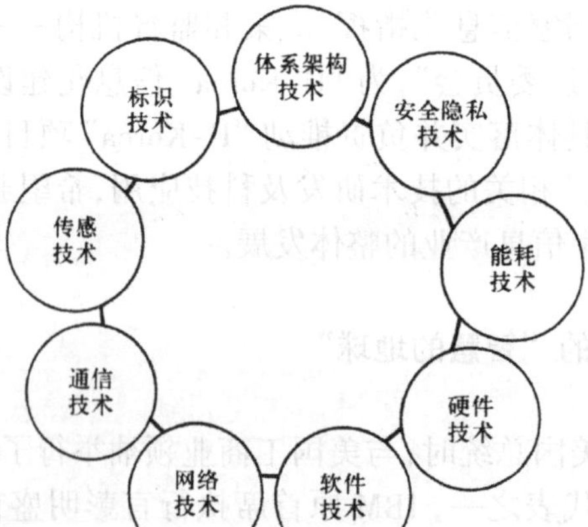
体系架构
技术
标识
技术
安全隐私
技术
传感
技术
能耗
技术
通信
技术
硬件
技术
网络
技术
软件
技术

图 1.8 物联网关键技术示意图

1.3.1　体系架构技术

从物联网架构来看,未来的物联网将是一个混杂有大量底层信息系统、上层商业应用实例以及其他数据与信息共同支撑的环境。对于服务的提供者、使用者而言,最关键的问题就是如何在这样的混杂环境中实现相互之间有意义的信息交互。

从未来物联网架构技术的设计目标来看,一方面,物联网的架构技术应该可以实现海量千差万别的物品之间以及物品与环境之间交互性和互操作性;另一方面,物联网的架构技术应该可以保障一个开放和具有竞争性的解决方案市场的形成。总之,体系架构技术需要满足互操作性、竞争性和适应性的需求。

1.3.2　标识技术

物品的唯一标识或者唯一编码(User Identificatin, UID)既可以是一串数字或者字符(如条码),也可以是物品一系列属性的组合(如 RFID 标签)。只有这样,才可以从未来物联网的数字层面上明确所有物品的数字名称,使得物联网在真正意义上实现连接一切有意义物品的目标。

在标识技术中主要涉及分配、管理、加密解密、存储、匿名标识技术、映射机制以及结构设计等相关技术。

1.3.3　传感技术

传感技术是从自然信源获取信息,并对之进行处理(变换)和识别的一门多学科交叉的现代科学与工程技术,属于现代信息技术的支柱之一,是衡量国家信息化程度的重要标志。在物联网应用中,传感技术一般结合识别技术构成感知层,用于完成信号的收集与简单处理,并涉及信息特征的提取与辨识。传感技术经历了从个体感知到群体集散感知,再到广域网络数据采集的发展过程。现代传感技术通过构建于集合无线接入及有线承载特性的网络体系之上,实现细致广泛的信息收集,能为物联网系统的上层应用提供完备的信息支持。

1.3.4　通信技术

通信技术主要实现物联网数据信息和控制信息的双向传递、路由和控制。物联网需要综合各种有线及无线通信技术,包括近距离无线通信技术。

1.3.5 能耗技术

跨入21世纪,人类进入了高度信息化的时代,人类文明在物联网和各种电信新技术的推动下,取得了巨大的进步,但同时也带来了巨大的能耗。因此,现在越来越多的人已经开始专注研究如何减小能源消耗的技术①。物联网(尤其无线传感器网络)需要解决不同设备低能耗联网问题,设计低能耗芯片,甚至采用能够自供能量的设备。

1.3.6 安全隐私技术

由于物联网的很多应用与人们的日常生活相关,其应用过程中需要收集人们的日常生活信息,而这些信息一般属于个人隐私,因此解决好物联网应用过程中的隐私保护问题,是物联网得到广泛应用的必要条件之一。

1.4 物联网的主要挑战和问题

物联网研究和开发既是机遇,更是挑战。如果能够面对挑战,从深层次解决物联网中的关键理论问题和技术难点,并且能够将物联网研究和开发的成果应用于实际,就可以在物联网研究和开发中获得发展机遇。否则,物联网研究和开发只会浪费时间和资源,再一次错过在科学和技术领域发展的机遇。

快速发展的信息和网络技术使物联网得以广泛地使用,但也对物联网通信技术提出了更高的要求,在物联网的发展和应用中,一系列问题需要被解决和突破。

1. 物联网通信频谱扩展和分配问题

从理论上讲,在区域内,无线传输电波的频段是不能重叠的,若重叠则会形成电磁波干扰,从而影响通信质量。扩频技术则可以通过重叠的

---

① 能耗技术包括电池技术、能量捕获与储存、恶劣情况下的供电、能量循环、新能源及新材料等。

频段来传输信息，这就需要研究扩频通信的技术及规则，使大量部署的以扩频通信为无线传输方式的无线传感器之间的通信不因受到干扰而影响通信质量。

2. 基于智能无线电的物联网通信体系

无线通信方式是物联网控制层内的终端接入网络的首选。但物联网终端数量非常多，需要大量的频段资源以满足接入网络的需求。软件无线电提供了一种建立多模式、多频段、多功能无线设备的有效而且相当经济的解决方案，可以通过软件升级实现功能提高。认知无线电是一种具有频谱感知能力的智能化软件无线电，它可以自动感知周围的电磁环境，通过无线电知识描述语言（Radio Knowledge Representation Language，RKRL）与通信网络进行智能交流，寻找“频谱空穴”，并通过通信协议和算法将通信双方的信号参数（包括通信频率、发射功率、调制方式、带宽等）实时地调整到最佳状态，使通信系统的无线电参数不仅能与规则相适应，而且能与环境相匹配，并且无论何时何地都能达到通信系统的高可靠性以及频谱利用的高效性。利用软件无线电及智能无线电，能够很好地解决无线频段资源紧张的问题。

3. 物联网中的异构网络融合

物联网终端具有多样性，其通信协议多样，数据传送的方式也多样，并且它们分别接入不同的通信网络，这就造成了需要大量地汇聚中间件系统来进行转换，即形成接入的异构性，尤其在以无线通信方式为首选的物联网终端接入中，该问题尤为突出。

4. 基于多通信协议的高能效传感器网络

无线传感器网络是物联网的核心，但由于无线传感器节点是能量受限的，因此在应用上其寿命受到较大的限制。其中一个重要的原因是通信过程传输单位比特能量消耗比过大，而这是由于通信协议中增加了过多的比特开销，以及收发节点之间的相互认证、等待等能量的开销，因此需要研究高效传输通信协议，以减少传输单位比特能量的开销。

另外，不同类型的无线传感器网络使用不同的通信协议，这就使得各类不同无线传感器网络的接入及配合部署需要协议转换环节，增加了接入和配合部署的难度，同时增加了节点的能量消耗，因此研究多种相互融合的多通信协议栈（包）是无线传感网络发展的趋势。

5. 整合 IP 协议

物联网的网络传输层及感知控制层的部分物联网终端采用的是 IP

通信机制,但目前 IPv4 及 IPv6 两种 IP 通信方式共存应用。随着 IPv6 技术的不断发展,其技术应用已得到长足的进步,并已初步形成自己的技术体系,具有 IPv6 技术特征的网络产品、终端设备、相关应用平台的不断推出与更新,也加快了 IPv6 的发展,并且随着移动设备功能的不断加强,商业应用不断普及,虽然 IPv4 协议解决了节点漫游的问题,但大量的物联网传感设备的布置就需要更多的 IP 地址资源,研究两个口共同应用的自动识别与转换技术,以及克服 IP 通信带来的 QoS (Quality of Service,服务质量)不稳定及安全隐患是 IP 网络技术需要进一步解决的问题。

第2章　物联网的短距离通信技术

从近期无线通信技术的发展看,无线通信领域各种技术的互补性日趋鲜明。不同的接入技术具有不同的覆盖范围、不同的适用区域、不同的技术特点、不同的接入速率。短距离无线通信技术主要解决物联网感知层信息采集的无线传输,每种短距离无线通信技术都有其应用场景、应用对象。

2.1　RFID

射频识别技术(RFID)是20世纪90年代兴起的一项非接触式的自动识别技术。通过RFID技术能够快速识别物体,并获取其属性信息。RFID技术已经在多个领域大量成功应用,是物联网应用的一项关键技术。

2.1.1　RFID的分类及应用

RFID是利用无线射频技术对物体对象进行非接触式和即时自动识别的无线通信信息系统。RFID技术的主要特点是通过电磁耦合方式来传送识别信息,不受空间限制,可快速地进行物体跟踪和数据交换。由于RFID需要利用无线电频率资源,因此RFID必须遵守无线电频率管理的诸多规范。RFID的分类如图2.1所示。

RFID不但种类繁多,而且应用也非常广泛,目前的典型应用有动物芯片、汽车芯片防盗器、门禁管制、停车场管制、生产线自动化、物料管理等。

2.1.2　RFID系统的组成

RFID系统由电子标签、阅读器和应用系统组成;从微观考虑,RFID系统由电子标签、阅读器和天线组成,如图2.2所示。

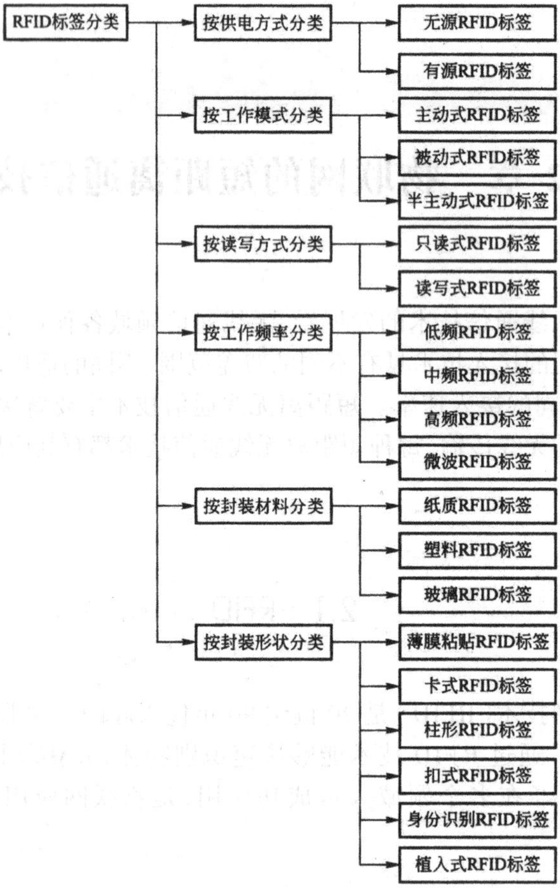
RFID标签分类
按供电方式分类
无源RFID标签
有源RFID标签
按工作模式分类
主动式RFID标签
被动式RFID标签
半主动式RFID标签
按读写方式分类
只读式RFID标签
读写式RFID标签
按工作频率分类
低频RFID标签
中频RFID标签
高频RFID标签
微波RFID标签
按封装材料分类
纸质RFID标签
塑料RFID标签
玻璃RFID标签
按封装形状分类
薄膜粘贴RFID标签
卡式RFID标签
柱形RFID标签
扣式RFID标签
身份识别RFID标签
植入式RFID标签

图 2.1　RFID 的分类

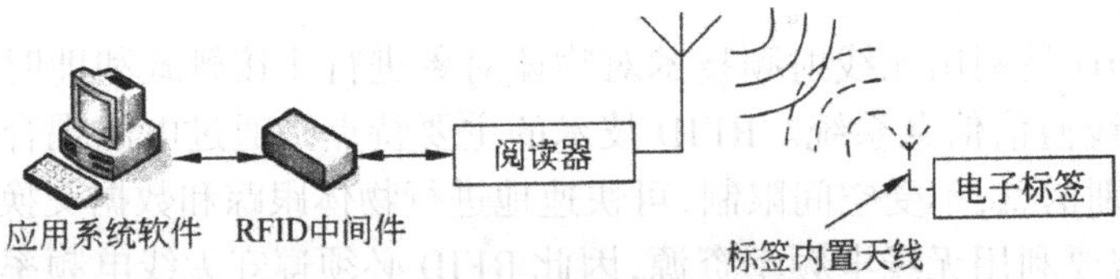
阅读器
电子标签
应用系统软件
RFID中间件
标签内置天线

图 2.2　RFID 系统组成框图

1. 电子标签

电子标签(Tag)又称为射频标签或应答器,是射频识别的真正数据载体,主要由芯片和标签天线组成,如图 2.3 所示。从技术角度来说,电子标签是射频识别的核心,是读写器性能设计的依据。

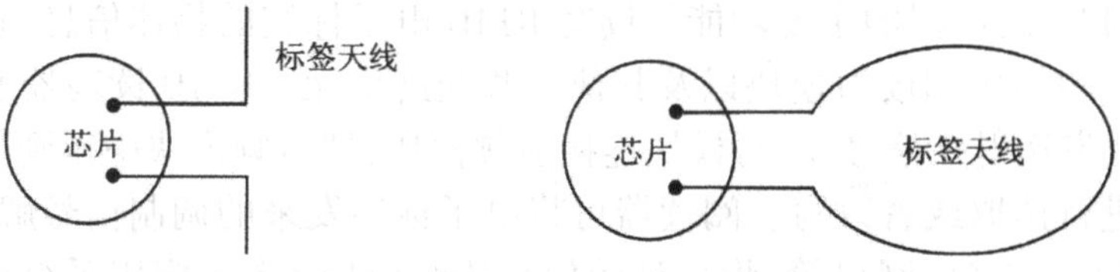
标签天线
芯片
芯片
标签天线

（a）电偶极子天线　　（b）磁偶极子天线

图 2.3　电子标签结构示意图

芯片主要由数字电路及存储器组成。几种常见的偶极子标签天线结构如图 2.4 所示。

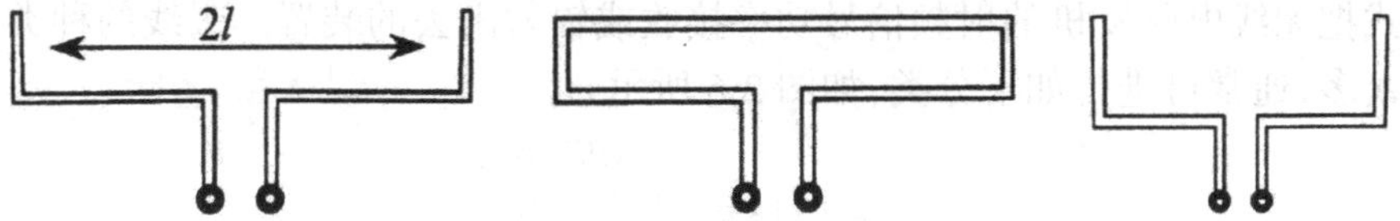
2l

（a）极子天线偶　　（b）折合振子天线　　（c）变线偶极子天线

图 2.4　几种常见的偶极子标签天线结构

2. 阅读器

RFID 阅读器是以一定的频率、特定的通信协议完成对应答器中信息的读取，不同的应用场合，阅读器的表现形式不同，但阅读器基本组成模块大致一样，如图 2.5 所示。

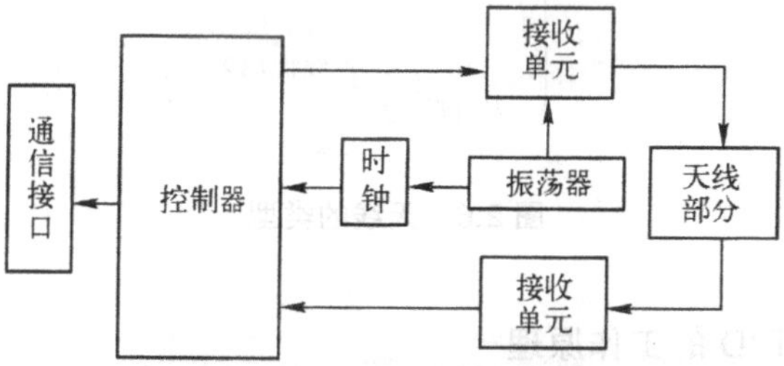
接收
单元
通信接口
控制器
时钟
振荡器
天线
部分
接收
单元

图 2.5　阅读器基本组成模块

控制器是阅读器工作的核心，完成收发控制，以及对从应答器上传输过来的数据进行提取和处理，同时完成与高层决策系统的通信。通信接口可能是 USB、RS-232 或者其他接口形式。

振荡器电路产生具有一定频率的电流，同时由振荡器产生的高频信号经过分频等处理后就作为待发送信号的载波。需要对待发送的命令信号进行编码、调制及适当的功率放大，使信号能够正确无误地被发送出。与之相对应的是接收单元，这部分包括整形、滤波、解调、解码等电路，接收单元实现从天线传输的高频信号中提取有用信号的功能。

RFID 阅读器的主要功能是读写 RFID 电子标签的物体信息，它主要包括射频模块和读写模块以及其他一些辅助单元。RFID 读写器通过射频模块发送射频信号，读写模块连接射频模块，把射频模块中得到的数据信息进行读取或者改写。阅读器可将电子标签发来的调制信号解调后，通过 USB、串口、网口等，将得到的信息传给应用系统；应用系统可以给读写器发送相应的命令，控制读写器完成相应的任务。

3. 天线

天线在电子标签和读写器间传递射频信号。天线是一种以电磁波形式把无线电收发机的射频信号功率接收或辐射出去的装置。天线的种类繁多，通常可进行如下分类，如图 2.6 所示。

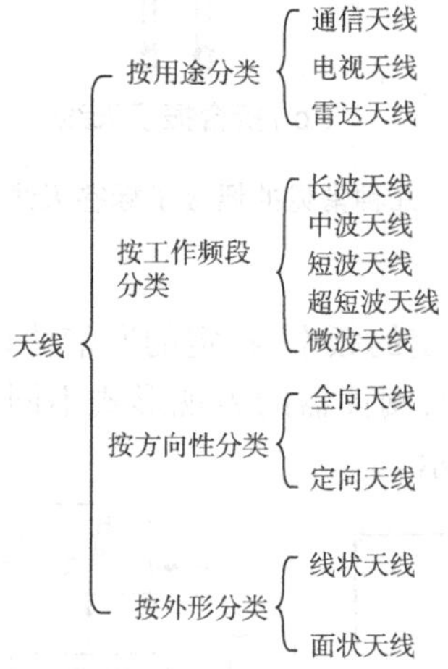
天线
按用途分类
通信天线
电视天线
雷达天线
按工作频段分类
长波天线
中波天线
短波天线
超短波天线
微波天线
按方向性分类
全向天线
定向天线
按外形分类
线状天线
面状天线

图 2.6　天线的类型

2.1.3　RFID 的工作原理

当 RFID 系统工作时，其工作原理如图 2.7 所示。具体工作流程如图 2.8 所示。

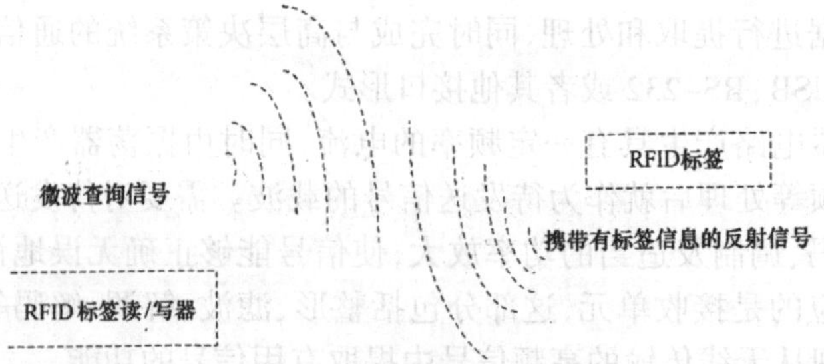
RFID标签
微波查询信号
携带有标签信息的反射信号
RFID标签读/写器

图 2.7　RFID 系统工作原理

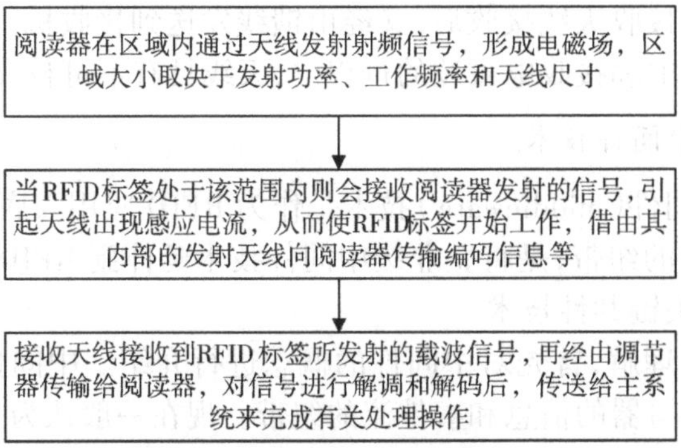
阅读器在区域内通过天线发射射频信号，形成电磁场，区域大小取决于发射功率、工作频率和天线尺寸
当RFID标签处于该范围内则会接收阅读器发射的信号，引起天线出现感应电流，从而使RFID标签开始工作，借由其内部的发射天线向阅读器传输编码信息等
接收天线接收到RFID标签所发射的载波信号，再经由调节器传输给阅读器，对信号进行解调和解码后，传送给主系统来完成有关处理操作

图 2.8 RFID 系统工作流程

主系统根据逻辑运算判断该标签的合法性，针对不同的设定做出相应的处理和控制，发出指令信号控制执行机构动作。

RFID 标签所存储的电子信息代表了待识别物体的标识信息，相当于待识别物体的身份认证，从而射频识别系统实现了非接触物体的识别目的。

RFID 系统的读写距离是评价其性能的重要参数。一般情况下，具有较长读写距离的 RFID 其成本较高，因此有关人员正致力于研究有效提高读写距离的方法。影响 RFID 系统读写距离的因素包括天线工作频率、阅读器的射频输出功率、阅读器的接收灵敏度、标签的功耗、阅读器和标签的耦合度等。大多数系统的读取距离和写入距离是不同的，写入距离是读取距离的 40%～80%。

2.1.4 RFID 的关键技术

1.RFID 天线技术

天线指的是接收或辐射无线电收发机射频信号的装置。当 RFID 应用到不同的场景时，其安装位置各不相同，一些情况下会贴于物体表面，还可能需要嵌入物体内部。使用 RFID 时，不仅要注重成本问题，还要追求更高的可靠性。天线技术中的标签天线和读写器天线对天线的设计提出了更为严格的要求，因为这两者分别具有接收、发射能量的作用。研究人员对 RFID 天线的关注主要包括天线结构和环境对天线性能的影响。

当 RFID 系统的工作频段超过 UHF 时，阅读器和标签的作用与无线电发射机和接收机大致相同。无线电发射机会发出射频信号，该信号会经由馈线传送给天线，天线再以电磁波的形式进行辐射。该电磁波被接收点的无线电接收天线接收后,又经由馈线发送到接收机。由此看出,在无线电设备发射和接收电磁波的过程中,天线具有不可替代的作用。

2.RFID 中间件技术

RFID 中间件(middleware)技术是作为 RFID 应用与底层 RFID 硬件采集设施之间的纽带,是将企业级中间件技术延伸到 RFID 领域,是整个 RFID 产业的关键共性技术。

为了便于理解,首先对中间件的概念进行介绍。中间件是用来加工和处理来自读写器的信息和事件流的纽带。现在一般认为,中间件由“平台”和“通信”两部分构成,同时把中间件与支撑软件和实用软件区分开来,如图 2.9 所示。

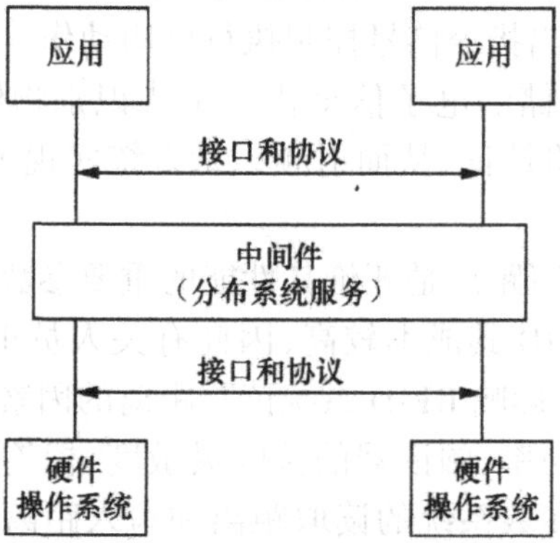
应用
应用
接口和协议
中间件
(分布系统服务)
接口和协议
硬件
操作系统
硬件
操作系统

图 2.9 中间件的概念

RFID 中间件的分层结构如图 2.10 所示。各层分别负责完成不同的功能,如图 2.11 所示。

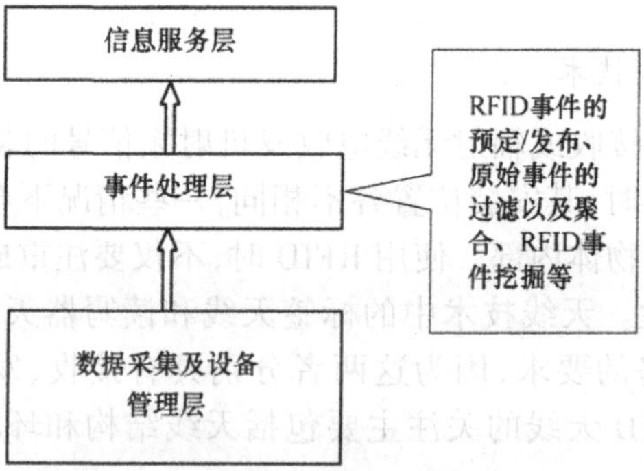
信息服务层
事件处理层
数据采集及设备管理层
RFID事件的预定/发布、原始事件的过滤以及聚合、RFID事件挖掘等

图 2.10 RFID 中间件分层结构

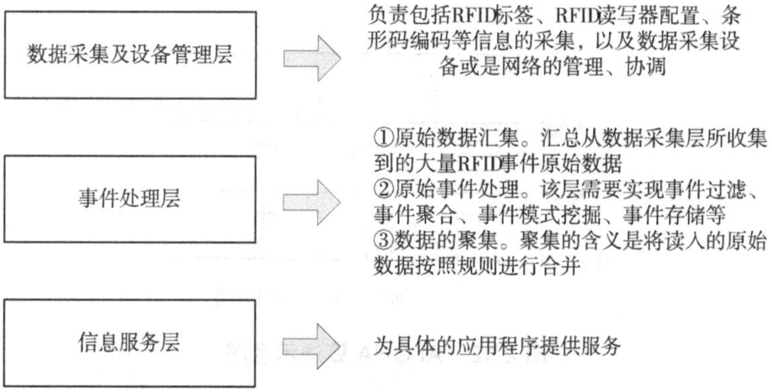
数据采集及设备管理层
负责包括RFID标签、RFID读写器配置、条形码编码等信息的采集，以及数据采集设备或是网络的管理、协调
事件处理层
①原始数据汇集。汇总从数据采集层所收集到的大量RFID事件原始数据
②原始事件处理。该层需要实现事件过滤、事件聚合、事件模式挖掘、事件存储等
③数据的聚集。聚集的含义是将读入的原始数据按照规则进行合并
信息服务层
为具体的应用程序提供服务

图 2.11　不同层的功能

目前，常见的 RFID 中间件有 IBM 的 RFID 中间件、Oracle 的 RFID 中间件、Microsoft 的 RFID 中间件以及 Sybase 的 RFID 中间件。这些中间件产品经过了实验室、企业的多次实际测试，其稳定性、先进性和海量数据的处理能力都比较完善，得到了广泛认同。

RFID 中间件技术是一种中间程序，实现了 RFID 硬件设备与应用系统之间数据传输、过滤、汇总、计算或数据格式转换等。中间件技术降低了应用开发的难度，使开发者不需要直接面对底层架构，而通过中间件进行调用。

3.RFID 中的防冲突技术和算法设计

有时候会有多个标签同时处于阅读器的识别范围之内的情况，这就有可能引起信道争用和信号互相干扰的问题，导致阅读器不能正确接收数据和不能正确识别标签，此为碰撞（Collision）。这时候找到一种防止标签信息发生碰撞的技术——防碰撞（Anti-collision）技术是非常重要的。

解决碰撞的算法称为防碰撞算法。目前，RFID 系统中应用的防碰撞算法主要是 ALOHA 算法和二进制搜索算法等。

（1）ALOHA 算法。ALOHA 网是世界上最早的无线电计算机通信网。ALOHA 网络可以使分散在各岛的多个用户通过无线电信道来使用中心计算机，从而实现一点到多点的数据通信。

ALOHA 算法分为纯 ALOHA 算法和时隙 ALOHA 算法。纯 ALOHA 算法标签发送数据部分冲突和完全冲突情况的示意图如图 2.12 所示。1972 年，Robert 发布时隙 ALOHA（Sloted ALOHA）是一种时分随机多址方式，可以提高 ALOHA 算法的信道利用率。

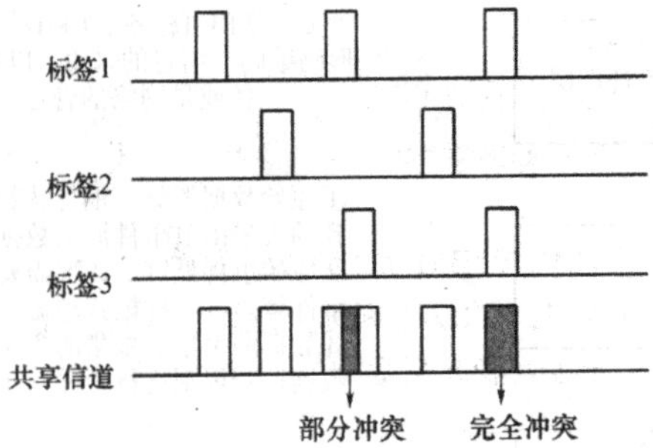
标签1
标签2
标签3
共享信道
部分冲突
完全冲突

图 2.12　ALOHA 算法示意图

（2）二进制搜索算法。二进制搜索算法属于典型的阅读器控制法。在采用这种算法的系统中，一般使用的是 Manchester 编码，这种编码用在 1/2 个比特周期内电平的改变（上升 / 下降沿）来表示某位之值，假设逻辑“0”为上升沿，逻辑“1”为下降沿，如图 2.13 所示。

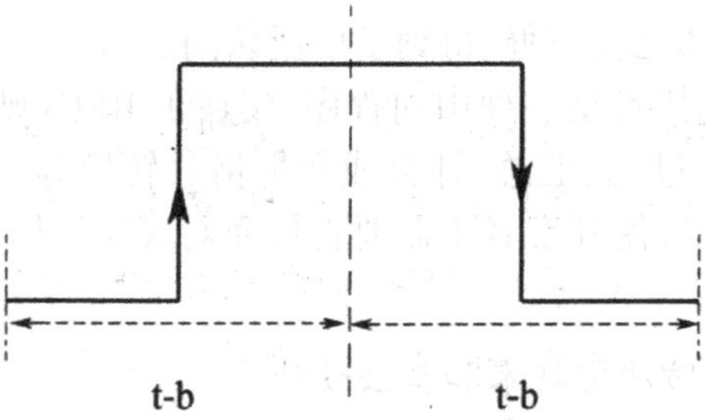
t-b
t-b

图 2.13　Manchester 编码中的位编码

如果由两个（或多个）电子标签同时发送的数位有不同之值，如图 2.14 所示，则接收的上升沿和下降沿互相抵消，以至在整个比特的持续时间内接收器收到的是不间断的信号，而在 Manchester 编码中对这种状态未作规定，因此，这种状态导致一种错误，从而用这种方法可以按位回溯跟踪碰撞的出现。所以，使用 Manchester 编码就能够实现“二进制搜索”算法。

2.1.5　RFID 的应用

作为物联网的核心技术之一，RFID 产品已经在多个应用领域中体现出商业价值。

1.RFID 在门禁系统中的应用

门禁是一种终端形式，使用后台管理系统在管理中心可以实时监控。联网型门禁系统的拓扑图如图 2.15 所示。以 SK-110 型门禁为例，该系统采用低频远距离感应卡。持卡人员经过通道时,通道后靠近值班室的门会自动打开, RFID 不报警; 无卡的人员经过通道时, RFID 报警,管理中心会立即收到报警信号,通过监控系统可进行即时查看。

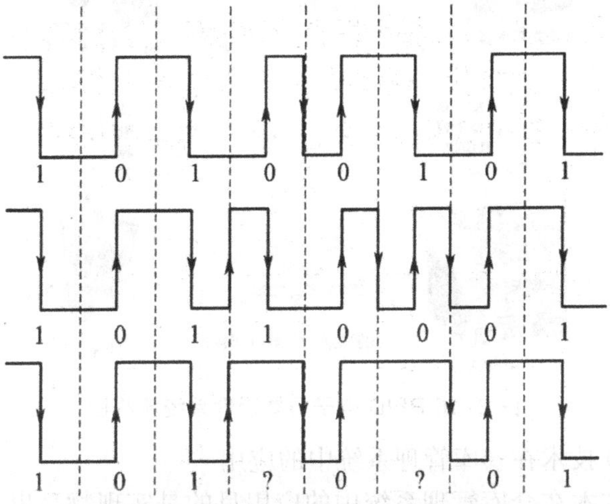
1
0
1
0
0
1
0
1
1
0
1
1
0
0
0
1
1
0
1
?
0
?
0
1

图 2.14　Manchester 编码按位识别碰撞原理

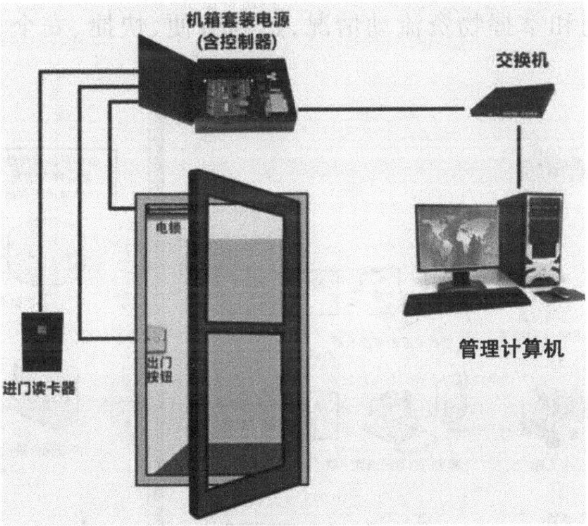
机箱套装电源
(含控制器)
交换机
电锁
出门
按钮
进门读卡器
管理计算机

图 2.15　联网型门禁系统的拓扑图

2.RFID 在票据防伪中的应用

新出现的 RFID 电子门票正是得益于 RFID。如图 2.16 所示为 RFID 电子门票管理系统流程图。RFID 电子门票的应用已经越来越广泛,如各大旅游景区、体育赛事、电影院、剧院、大型展会等。

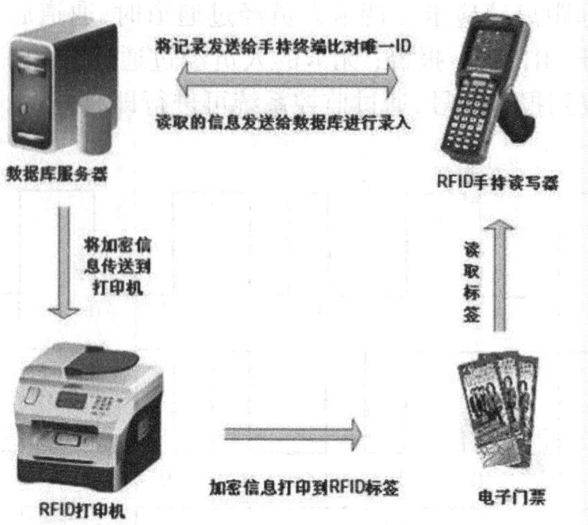
将记录发送给手持终端比对唯一ID
读取的信息发送给数据库进行录入
数据库服务器
RFID手持读写器
将加密信息传送到打印机
读取标签
RFID打印机
加密信息打印到RFID标签
电子门票

图 2-16.RFID 电子门票管理系统流程图

3. RFID 技术在仓库管理系统中的应用

RFID 技术在仓库管理系统中的应用目的是实现物品出 / 入库控制、物品存放位置及数量统计、信息查询过程的自动化，方便管理人员进行统计、查询和掌握物资流动情况，达到方便、快捷、安全、高效等要求（图 2.17）。

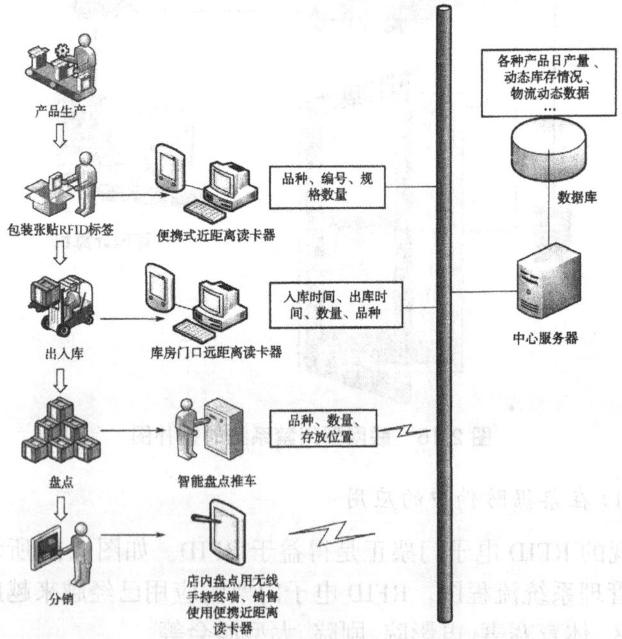
产品生产
包装张贴RFID标签
便携式近距离读卡器
品种、编号、规格数量
出入库
库房门口远距离读卡器
入库时间、出库时间、数量、品种
盘点
智能盘点推车
品种、数量、存放位置
分销
店内盘点用无线手持终端、销售使用便携近距离读卡器
各种产品日产量、动态库存情况、物流动态数据
…
数据库
中心服务器

图 2.17　基于 RFID 技术的仓库管理系统结构

4.RFID 在航空物流中的应用

目前,航空业发展迅速,航空物流量增长迅猛。以人工方式管理航空物流业务存在诸多弊端,而采用 RFID 技术可以提高航空物流信息的准确性、完整性和一致性。基于 RFID 技术的航空物流系统由数据管理中心、综合查询系统、综合调度系统、RFID 扫描系统等子系统组成,具体如图 2.18 所示。该系统的采用,实现了物流信息的数据共享,有利于降低物流企业运营成本,提高运输效率和客户满意度。

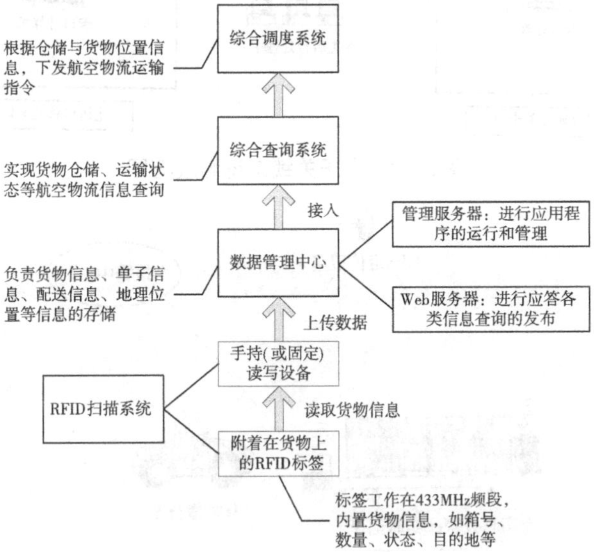
综合调度系统
根据仓储与货物位置信息，下发航空物流运输指令
综合查询系统
实现货物仓储、运输状态等航空物流信息查询
接入
管理服务器：进行应用程序的运行和管理
数据管理中心
负责货物信息、单子信息、配送信息、地理位置等信息的存储
Web服务器：进行应答各类信息查询的发布
上传数据
手持(或固定)读写设备
RFID扫描系统
读取货物信息
附着在货物上的RFID标签
标签工作在433MHz频段，内置货物信息，如箱号、数量、状态、目的地等

图 2.18　基于 RFID 技术的航空物流系统

5.RFID 在集装箱电子关锁中的应用

在集装箱或厢式货车等物流运输工具的箱门上安装电子关锁。当安装有电子关锁的运输车辆通过海关监管的集装箱通道时,系统通过 RFID 技术可精确定位电子关锁位置,然后通过无线信号控制电子锁锁定或电子锁开启,保障货物在途安全的一种监控系统,并且可通过精确定位确保电子关锁和其安装的集装箱自动形成一一对应关系。

电子关锁系统由电子关锁、自动检测装置、车载 GPS、固定关锁阅读器等设备及软件组成(图 2.19)。

电子关锁的识别通过 RFID 技术实现,运输车辆在途的定位通过车载 GPS 定位技术实现,电子关锁在出现强行开启报警信号时会及时通过无线通信模块和车载 GPS 通信, GPS 车载台向监控中心进行实时报警(图 2.20)。

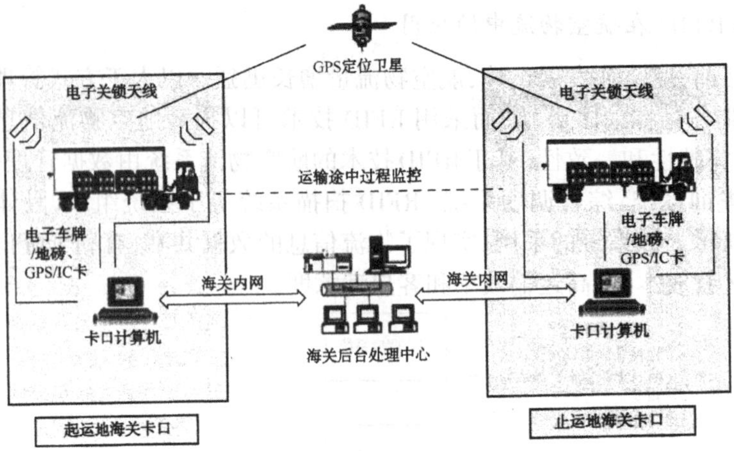
GPS定位卫星
电子关锁天线
电子关锁天线
运输途中过程监控
电子车牌
/地磅、
GPS/IC卡
电子车牌
/地磅、
GPS/IC卡
海关内网
海关内网
卡口计算机
卡口计算机
海关后台处理中心
起运地海关卡口
止运地海关卡口

图 2.19　电子关锁系统组成框图

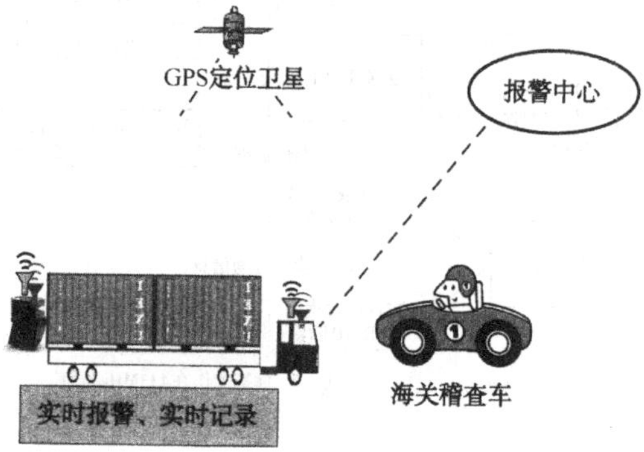
GPS定位卫星
报警中心
实时报警、实时记录
海关稽查车

图 2.20　途中监管工作

2.2　ZigBee

ZigBee 无线技术是一种全球领先的低成本、低速率、小范围无线网络标准。

2.2.1　ZigBee 的概念及优势

ZigBee 是规定了一系列短距离无线网络的数据传输速率通信协议的标准，主要用于近距离无线连接。基于这一标准的设备工作在 868MHz、915MHz、2.4GHz 频带上。

ZigBee 拥有 250kbit/s 的带宽，传输距离可达 1km 以上。并且功耗更小，采用普通 AA 电池就能够支持设备在高达数年的时间内连续工作。近 10 年来，它应用于无线传感器网络中，非常好地完成了传输任务，同样也可以应用在物联网的无线传输中。

ZigBee 联盟是一个基于全球开放标准的研究可靠、高效、无线网络管理和控制产品的联合组织。ZigBee 联盟目前针对家庭自动化、楼宇自动化、工业自动化三大市场方向制定相关应用标准，其特性如图 2.21 所示。

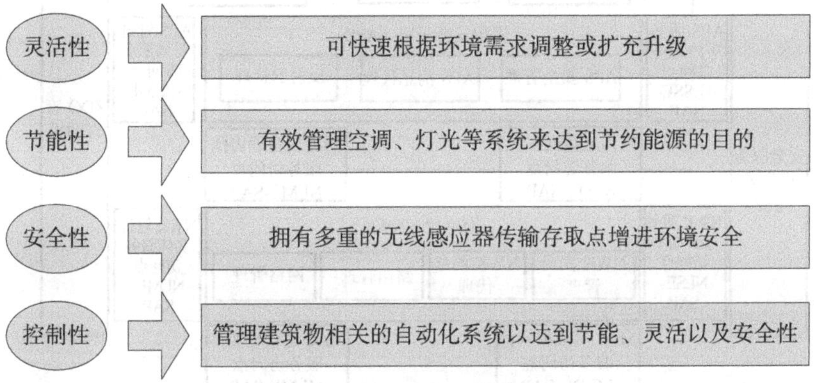
灵活性
可快速根据环境需求调整或扩充升级
节能性
有效管理空调、灯光等系统来达到节约能源的目的
安全性
拥有多重的无线感应器传输存取点增进环境安全
控制性
管理建筑物相关的自动化系统以达到节能、灵活以及安全性

图 2.21　相关应用标准的特性

2.2.2　ZigBee 协议栈

ZigBee 协议栈架构是建立在 IEEE 802.15.4 标准基础上的。整个协议栈架构如图 2.22 所示。

1. 物理层

（1）物理层参考模型。物理层参考模型如图 2.23 所示。

管理实体提供的管理服务有信道能量检测、链路质量指示、空闲信道评估等。

信道能量检测主要测量目标信道中接收信号的功率强度，为上层提供信道选择的依据。信道能量检测不进行解码操作，检测结果为有效信号功率和噪声信号功率之和。

链路质量指示对检测信号进行解码，生成一个信噪比指标，为上层提供接收的无线信号的强度和质量信息。

空闲信道评估主要评估信道是否空闲。

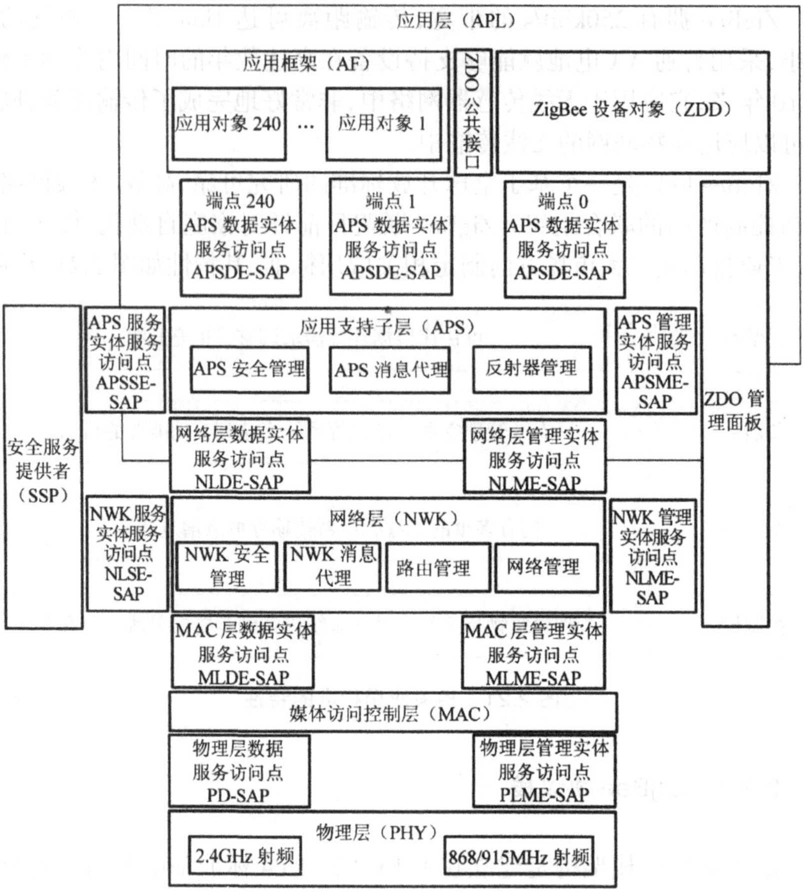
应用层（APL）
应用框架（AF）
应用对象 240
…
应用对象 1
ZDO 公共接口
ZigBee 设备对象（ZDD）
端点 240
APS 数据实体
服务访问点
APSDE-SAP
端点 1
APS 数据实体
服务访问点
APSDE-SAP
端点 0
APS 数据实体
服务访问点
APSDE-SAP
安全服务提供者（SSP）
APS 服务实体服务访问点 APSSE-SAP
应用支持子层（APS）
APS 安全管理
APS 消息代理
反射器管理
APS 管理实体服务访问点 APSME-SAP
ZDO 管理面板
网络层数据实体服务访问点 NLDE-SAP
网络层管理实体服务访问点 NLME-SAP
NWK 服务实体服务访问点 NLSE-SAP
网络层（NWK）
NWK 安全管理
NWK 消息代理
路由管理
网络管理
NWK 管理实体服务访问点 NLME-SAP
MAC 层数据实体服务访问点 MLDE-SAP
MAC 层管理实体服务访问点 MLME-SAP
媒体访问控制层（MAC）
物理层数据服务访问点 PD-SAP
物理层管理实体服务访问点 PLME-SAP
物理层（PHY）
2.4GHz 射频
868/915MHz 射频

图 2.22 ZigBee 协议栈结构

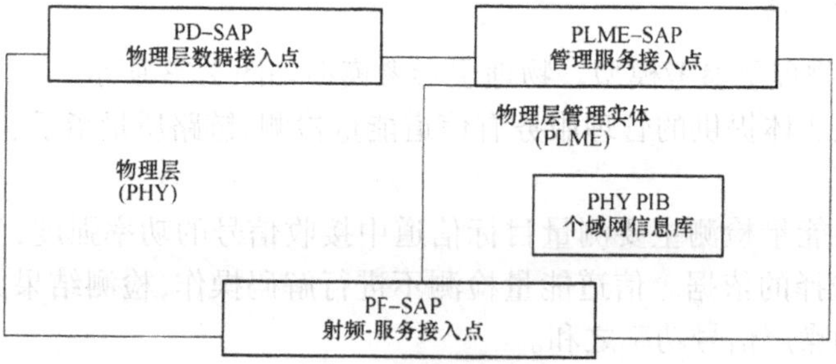
PD-SAP
物理层数据接入点
PLME-SAP
管理服务接入点
物理层管理实体
(PLME)
物理层
(PHY)
PHY PIB
个域网信息库
PF-SAP
射频-服务接入点

图 2.23 物理层参考模型

（2）物理层无线信道的分配。根据 IEEE 802.15.4 标准的规定，物理层有 3 个载波频段：868 ～ 868.6MHz、902 ～ 928MHz 和 2400 ～ 2483.5MHz。3 个频段上数据传输速率分别为 20kbit/s、40kbit/s 和 250kbit/s。各个频段的信号调制方式和信号处理过程都有一定的差异。

根据 IEEE 802.15.4 标准，物理层 3 个载波频率段共有 27 个物理信道，编号为 0 ～ 26。不同的频段所对应的宽度不同，标准规定 868 ～ 868.6MHz 频段有 1 个信道（0 号信道）；902 ～ 928MHz 频段包含 10 个信道（1 ～ 10 号信道）；2400 ～ 2483MHz 频段包含 16 个信道（11 ～ 26 号信道）。每个具体的信道对应着一个中心频率，这些中心频率定义如下：

$$k=0\text{时},\ F=868.3\text{MHz}$$

$$k=1,2,\cdots,10\text{时},\ F=906+2(k-1)\,\text{MHz}$$

$$k=11,12,\cdots,26\text{时},\ F=2405+5(k-11)\,\text{MHz}$$

式中：k 为信道编号；F 为信道对应的中心频率。

不同地区的 ZigBee 工作频率不同。根据无线电管理委员会的规定各地标准见表 2.1。

表 2.1　不同地区的 ZigBee 标准

工作频率范围 /MHz	国家和地区	调制方式	传输速率 /（kbit/s）
868 ～ 868.6	欧洲	BPSK	20
902 ～ 928	北美	BPSK	40
2400 ～ 2483.5	全球	O-QPSK	250

（3）2.4GHz 频段的物理层技术。由于我国应用的是 2.4GHz 频段，这里我们简要介绍 2.4GHz 频段的物理层技术。2.4GHz 频段主要采用了十六进制准正交调制技术（O-QPSK 调制）。调制原理如图 2.24 所示。PPDU 发送的信息进行二进制转换，再把二进制数据进行比特—符号映射，每字节按低 4 位和高 4 位分别映射成一个符号数据，先映射低 4 位，再映射高 4 位。再将输出符号进行符号—码片序列映射，即将每个符号被映射成一个 32 位伪随机码片序列（共有 16 个不同的 32 位码片伪随机序列）。在每个符号周期内，4 个信号位映射为一个 32 位的传输的准正交伪随机码片序列，所有符号的伪随机序列级联后得到的码片再用 O-QPSK 调制到载波上。

2.4GHz 频段调制方式采用的是半正弦脉冲波形的 O-QPSK 调制，将奇位数的码片调制到正交载波 Q 上，偶位数的码片调制到同相载波 I 上，这样，奇位数和偶位数的码片在时间上错开了一个码片周期 T，如图 2.25 所示。

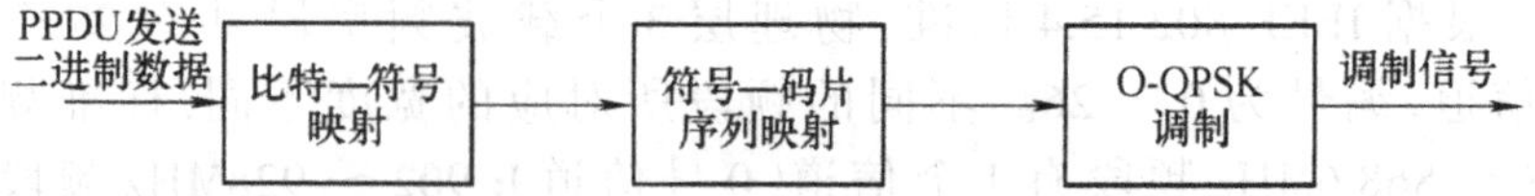
PPDU发送
二进制数据
比特—符号
映射
符号—码片
序列映射
O-QPSK
调制
调制信号

图 2.24　2.4GHz 物理层调制方案

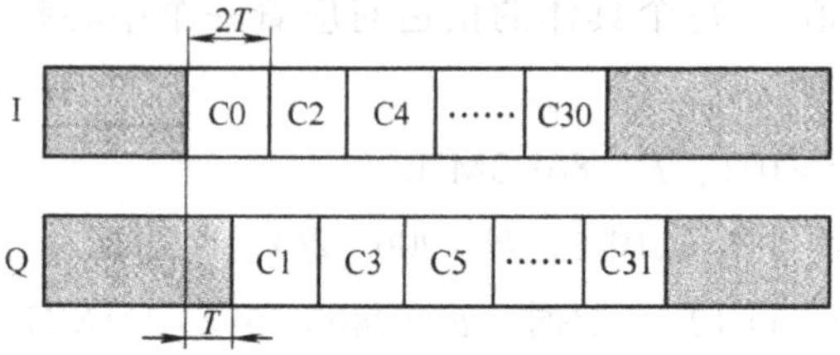
2T
I
C0
C2
C4
……
C30
Q
C1
C3
C5
……
C31
T

图 2.25　O-QPSK 偏移关系

2. 媒体访问控制层

媒体访问控制（MAC）层处于 ZigBee 协议栈中物理层和网络层两者之间，同样是基于 IEEE 802.15.4 标准制订的。

（1）MAC 层参考模型。MAC 层参考模型如图 2.26 所示。该层包括两部分：MAC 层公共部分子层（MAC Common Part Sublayer，MCPS）和 MAC 层管理实体（MAC Sublayer Management Entity，MLME）。前者提供了 MCPS-SAP 数据服务访问点，后者提供了 MLME-SAP 管理服务访问点。

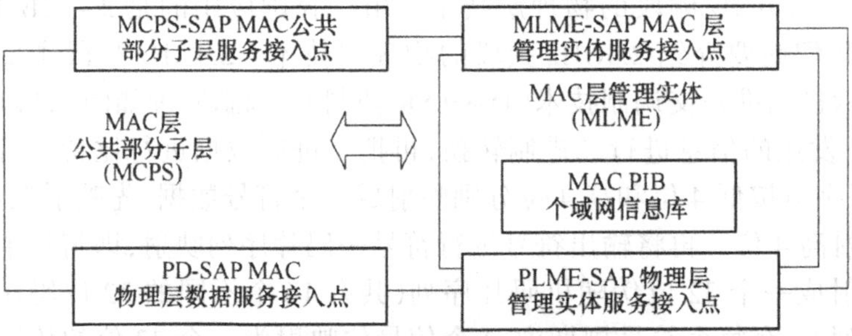
MCPS-SAP MAC公共
部分子层服务接入点
MLME-SAP MAC 层
管理实体服务接入点
MAC层
公共部分子层
(MCPS)
MAC层管理实体
(MLME)
MAC PIB
个域网信息库
PD-SAP MAC
物理层数据服务接入点
PLME-SAP 物理层
管理实体服务接入点

图 2.26　MAC 层参考模型

其中，MAC 层公共部分子层服务访问点（MCPS-SAP）主要负责接收由网络层发送的数据，并传送给对等实体。MAC 层管理实体（MLME）主要对 MAC 层进行管理，以及对该层的管理对象数据库（PAN Information Base PIB）进行维护。物理层管理实体服务接入点（PLME-SAP）主要用于接收来自物理层的管理信息，物理层数据服务接入点（PD-SAP）负责接收来自物理层的数据信息。

（2）MAC 帧类型。IEEE 802.15.4 网络共定义了 4 种 MAC 帧结构：①信标帧（Beacon Frame）；②数据帧（Data Frame）；③确认帧（Acknowledge Frame）；④ MAC 命令帧（MAC Command Frame）。

其中，信标帧用于协调者发送信标，信标是网内设备用来始终同步的信息；数据帧用于传输数据；确认帧用于确定接收者是否成功接收到数据；MAC 命令帧用来传输命令信息。

ZigBee 采用载波侦听多址 / 冲突（CSMA/CD）的信道接入方式和完全握手协议，其数据传输方式如图 2.27 所示。

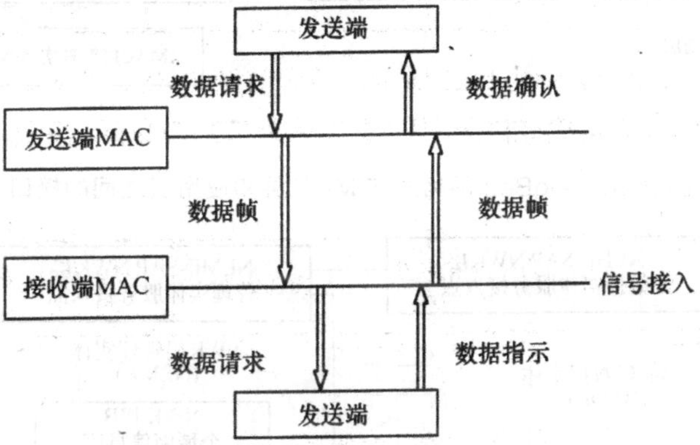
发送端
数据请求
数据确认
发送端MAC
数据帧
数据帧
接收端MAC
信号接入
数据请求
数据指示
发送端

图 2.27　ZigBee 数据传输方式

（3）MAC 层帧结构。MAC 层帧，作为 PHY 载荷传输给其他设备，由 3 个部分组成：MAC 帧头（MHR）、MAC 载荷（MSDU）和 MAC 帧尾（MFR）。MHR 包括地址和安全信息。MAC 载荷长度可变，长度可以为 0，包含来自网络层的数据和命令信息。MAC 帧尾包括一个 16bit 的帧校验序列（FCS）。

3. 网络层

网络层（NWK 层）位于 ZigBee 协议栈中 MAC 层和应用层间，ZigBee 网络层与 MAC 层和应用层之间的接口如图 2.28 所示。网络层可以提供数据服务和管理服务。

（1）网络层参考模型。NWK 层参考模型，主要分为两大部分，分别是 NWK 层数据实体和 NWK 层管理实体，如图 2.29 所示。

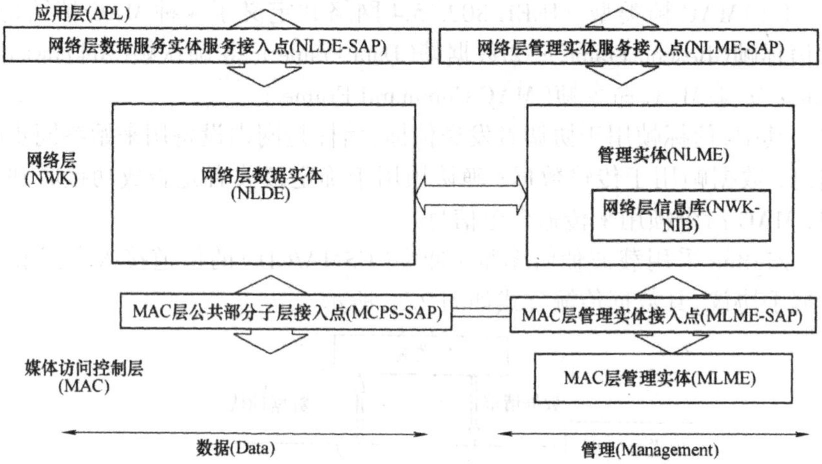

应用层(APL)
网络层数据服务实体服务接入点(NLDE-SAP)
网络层管理实体服务接入点(NLME-SAP)
网络层
(NWK)
网络层数据实体
(NLDE)
管理实体(NLME)
网络层信息库(NWK-NIB)
MAC层公共部分子层接入点(MCPS-SAP)
MAC层管理实体接入点(MLME-SAP)
媒体访问控制层
(MAC)
MAC层管理实体(MLME)
数据(Data)
管理(Management)

图 2.28　ZigBee 网络层与 MAC 层和应用层之间的接口

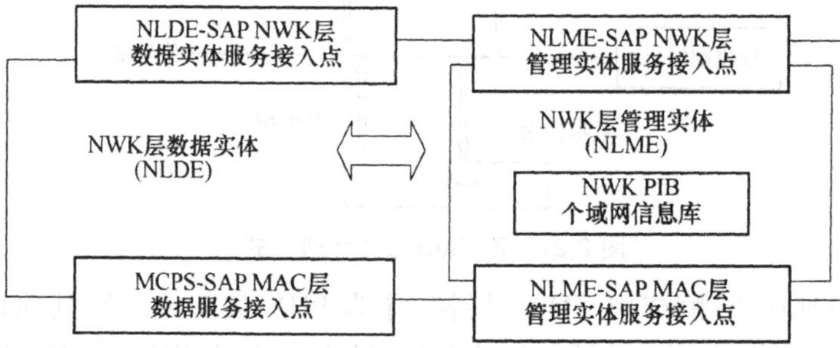

NLDE-SAP NWK层
数据实体服务接入点
NLME-SAP NWK层
管理实体服务接入点
NWK层数据实体
(NLDE)
NWK层管理实体
(NLME)
NWK PIB
个域网信息库
MCPS-SAP MAC层
数据服务接入点
NLME-SAP MAC层
管理实体服务接入点

图 2.29　NWK 层参考模型

NWK 层数据实体通过其数据服务传输应用协议的数据单元（APDU），可在某一网络中的不同设备间提供如下服务：

①对应用支持子层PDU设置合理的协议头，从而构成网络协议数据单元(NPDU)。
②根据拓扑路由，把网络协议数据单元发送到目的地址设备或通信链路的下一跳。

（2）网络层帧结构。如图 2.30 所示，为普通网络层帧结构。网络层的帧结构包括帧头和负载，帧头能够表征网络层的特性，负载则是应用层提供的数据单元，其涵盖的内容与帧类型有关，而且长度不等。

1）帧控制。帧头的第一部分是帧控制，帧控制决定了该帧是数据帧还是命令帧。帧控制共有 2B，16bit，分为帧类型、协议版本、发现路由、多播标志、安全、源路由、目的 IEEE 地址、源 IEEE 地址子项目。各子域的划分如图 2.11 所示。

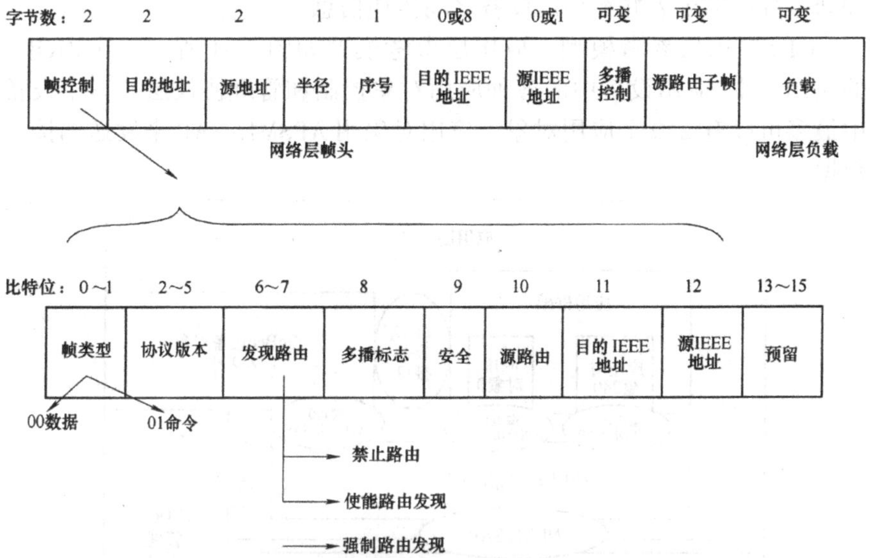
字节数： 2 2 2 1 1 0或8 0或1 可变 可变 可变
帧控制
目的地址
源地址
半径
序号
目的 IEEE 地址
源IEEE 地址
多播控制
源路由子帧
负载
网络层帧头
网络层负载
比特位： 0～1 2～5 6～7 8 9 10 11 12 13～15
帧类型
协议版本
发现路由
多播标志
安全
源路由
目的 IEEE 地址
源IEEE 地址
预留
00数据
01命令
禁止路由
使能路由发现
强制路由发现

图 2.30　普通网络层帧结构

2）目的地址占 2B，内容为目的设备的 16 位网络地址或者广播地址（oxffff）。

3）源地址。占 2B，内容为源设备的 16 位网络地址。

4）半径。占 1B，指定该帧的传输范围。如果是接收数据，接收设备应该把该字段的值减 1。

5）序号。占 1B。如果设备是传输设备，每传输一个新的帧，该帧就把序号的值加 1，源地址字段和序列号字段的一对值可以唯一确定一帧数据。

帧头中的字段按固定的顺序排列，但不是每一个网络层的帧都包含完整的地址和序号信息字段。

（3）网络层主要功能。网络层将主要考虑采用基于 Ad Hoc 技术的网络协议，应包含以下功能：拓扑结构的搭建和维护，命名和关联业务，包含了寻址、路由和安全；有自组织、自维护功能，以最大限度减少消费者的开支和维护成本。

4. 应用层

ZigBee 协议栈的最上层为应用层，其中有 ZigBee 设备对象（ZigBee Device Object，ZDO）、应用支持子层和制造商定义的应用对象。ZDO 负责规定设备在网络中充当网络协调器还是终端设备、探测新接入的设备并判断其能提供的服务、在网络设备间构建安全关系。应用支持子层

(APS)维护绑定表并在绑定设备之间传递信息。

(1)应用层参考模型。应用层参考模型如图 2.31 所示。在 ZigBee 的应用层中,应用设备中的各种应用对象控制和管理协议层。一个设备中最多可以有 240 个应用对象。应用对象用 APSME-SAP 来发送和接收数据。

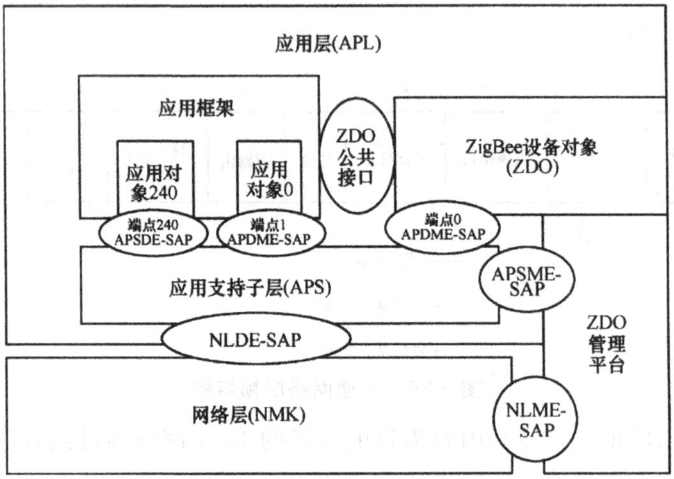
应用层(APL)
应用框架
应用对象240
应用对象0
ZDO公共接口
ZigBee设备对象(ZDO)
端点240 APSDE-SAP
端点1 APDME-SAP
端点0 APDME-SAP
APSME-SAP
应用支持子层(APS)
ZDO管理平台
NLDE-SAP
网络层(NMK)
NLME-SAP

图 2.31 应用层参考模型

ZDO 给 APS 和应用架构提供接口。ZDO 包含 ZigBee 协议栈中所有应用操作的功能。

(2)应用层帧格式。应用层 APDU(Application Protocol Data Unit,应用支持子层协议数据单元)帧格式如图 2.32 所示。

字节:1	0/1	0/1	0/2	0/1	可变
帧控制	目的端点	簇标示符	协议子集标示符	源端点	净荷
	地址子域				
应用层数据头					应用层净荷

图 2.32 应用层 APDU 帧格式

(3)应用层主要功能

APS 提供网络层和应用层之间的接口。具有以下功能:①维护绑定表。②设备间转发消息。③管理小组地址。④把 64bit IEEE 地址映射为 16bit 网络地址。⑤支持可靠数据传输。

ZDO 的功能:①定义设备角色;②发现网络中设备及其应用,初始化或响应绑定请求;③完成安全相关任务。

2.2.3 ZigBee 网络拓扑结构

ZigBee 无线数据传输网络设备按照其功能的不同可以分为两类：全功能设备(Full-Function Device, FFD)和精简功能设备(Reduced-Function Device, RFD)。ZigBee 支持的网络结构如图 2.33 ~图 2.35 所示。

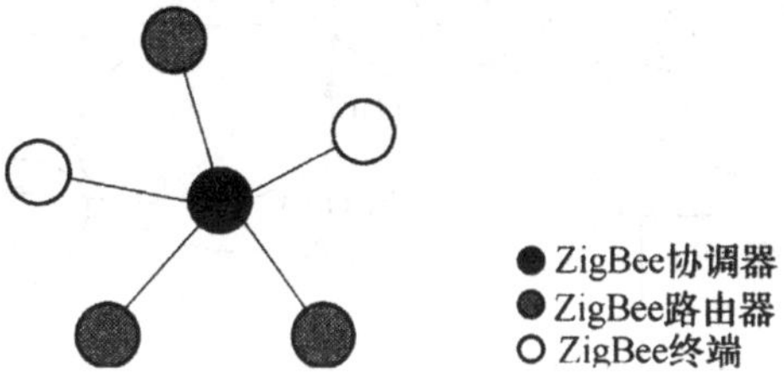
ZigBee协调器
ZigBee路由器
ZigBee终端

图 2.33 星形结构

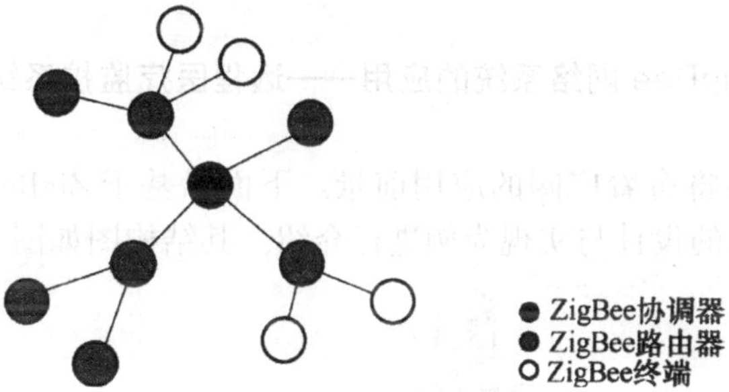
ZigBee协调器
ZigBee路由器
ZigBee终端

图 2.34 树状网络

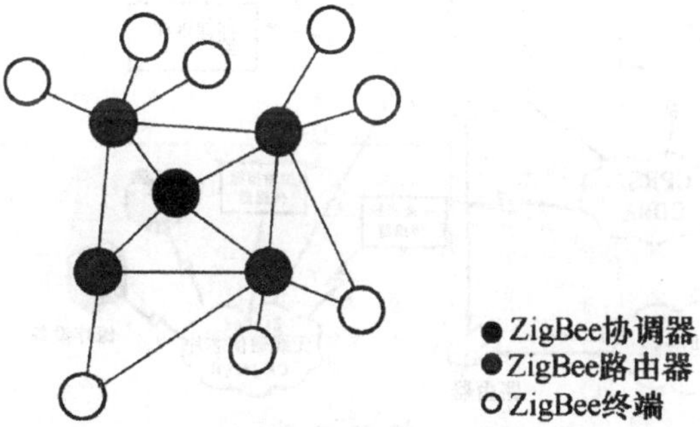
ZigBee协调器
ZigBee路由器
ZigBee终端

图 2.35 网状网络

图 2.36 是一个多级簇树网络的例子。但是过多的簇头会增加簇间消息传递的延迟和通信开销。为了减少延迟和通信开销，簇头可以选择最远的通信设备作为相邻簇的簇头，这样可以最大限度地缩小不同簇间消息传递的跳数，达到减少延迟和开销的目的。

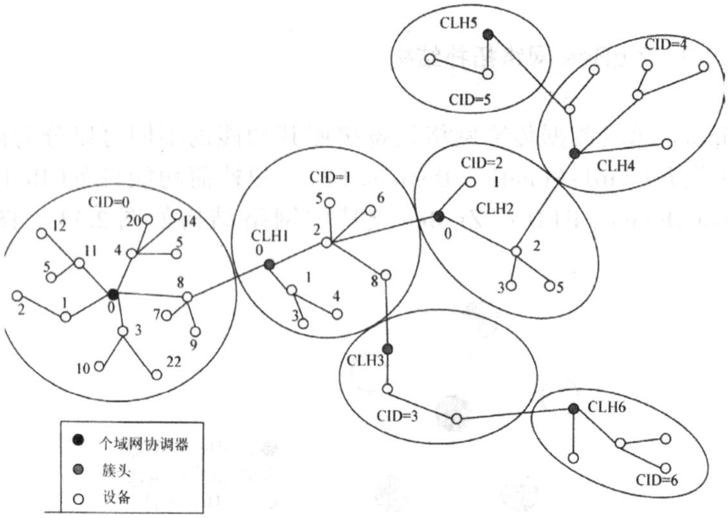
CLH5
CID=5
CID=4
CLH4
CID=2
CLH2
CID=1
CLH1
CID=0
CLH3
CID=3
CLH6
CID=6
个域网协调器
簇头
设备

图 2.36 多级簇树网络

2.2.4 ZigBee 网络系统的应用——远程医疗监护系统

ZigBee 必将有着广阔的应用前景。下面以基于 ZigBee 技术的远程医疗监护系统的设计与实现为例进行介绍。其结构图如图 2.37 所示。

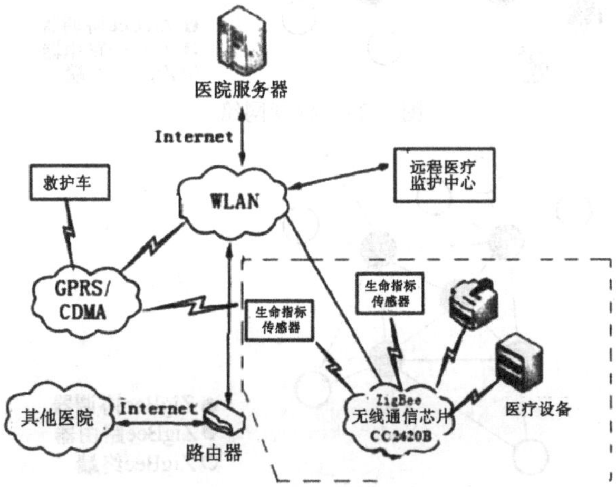
医院服务器
Internet
救护车
WLAN
远程医疗
监护中心
GPRS/
CDMA
生命指标
传感器
生命指标
传感器
其他医院
Internet
路由器
ZigBee
无线通信芯片
CC2420B
医疗设备

图 2.37 远程医疗监护系统结构图

监护传感器节点的主要功能是采集人体生理指标数据，其框图如图 2.38 所示。处理器单元如图 2.39 所示。

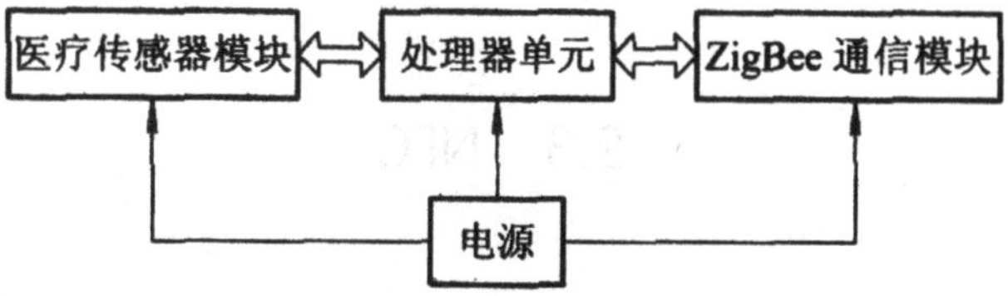
医疗传感器模块
处理器单元
ZigBee 通信模块
电源

图 2.38　监护传感器节点框图

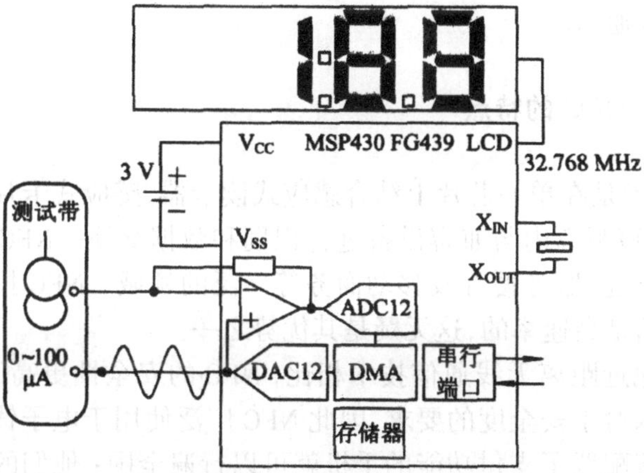
Vcc
MSP430 FG439 LCD
32.768 MHz
3 V
测试带
Vss
XIN
XOUT
ADC12
0~100
μA
DAC12
DMA
串行
端口
存储器

图 2.39　处理器单元

一般来说，WLAN 和 UMTS 融合的方式有紧耦合和松耦合两种。其中松耦合体系结构如图 2.40 所示。

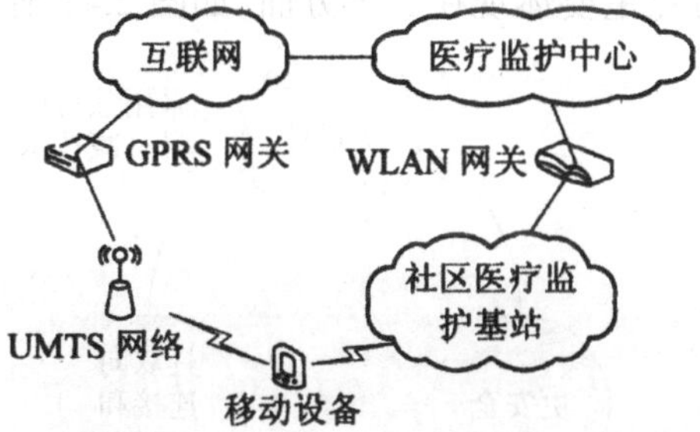
互联网
医疗监护中心
GPRS 网关
WLAN 网关
社区医疗监
护基站
UMTS 网络
移动设备

图 2.40　WLAN 和 UMTS 的松耦合体系结构

本系统具有较高的灵活性和扩展性，通过 Internet 可使远离医院等医护机构的病员也能够随时得到必要的医疗监护和远程医生的咨询指导。

2.3 NFC

近场通信(Near Field Communication, NFC)是一种非接触式识别和互连技术,可以在移动设备、消息类电子产品、PC 和智能控件工具间进行近距离无线通信。

2.3.1 NFC 的特点

NF 技术是在单一芯片上结合感应式读卡器、感应式卡片和点对点的功能,能在短距离内与兼容设备进行识别和数据交换。NFC 技术可以用于设备的互连、服务搜寻及移动商务等广泛的领域。NFC 技术提供的设备间的通信是高速率的,这无疑是其优势之一。

与其他近距离无线通信技术相比,NFC 的安全性更高,非常符合电子钱包技术对于安全度的要求,因此 NFC 广泛使用于电子钱包技术。手机用户凭着配置了支付功能的手机就可以行遍全国:他们的手机可以用作机场登机验证、大厦的门禁钥匙、交通一卡通、信用卡、支付卡等。此外,NFC 可以与现有非接触智能卡技术兼容,所以它的出现已经越来越被关注与重视。

NFC 的技术特点主要体现在 3 个方面,如图 2.41 所示。

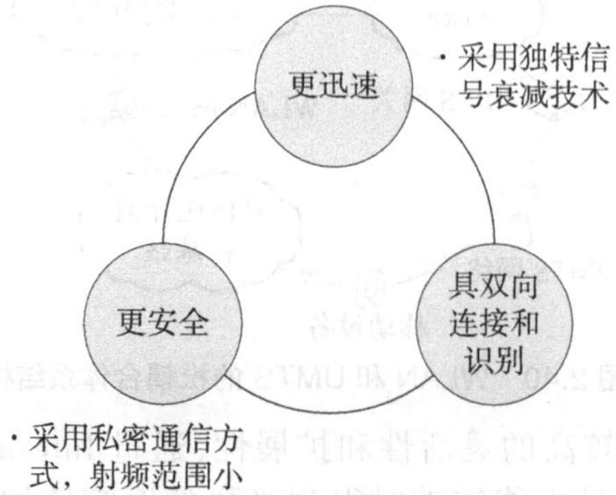
更迅速
·采用独特信号衰减技术
具双向连接和识别
更安全
·采用私密通信方式，射频范围小

图 2.41 NFC 的技术特点

2.3.2 NFC 系统工作原理

NFC 技术能够快速自动地建立无线网络,为蜂窝、蓝牙或 Wi-Fi 设备提供一个“虚拟连接”,使设备间可以在很短距离内进行通信,该技术可以在移动设备、消费类电子产品、PC 和智能控件工具间进行近距离无线通信。

1. 工作模式

近场通信采用双向识别和连接,任意两个近场通信设备接近而不需要线缆接插就可以实现相互间的通信,满足任何两个无线设备间的信息交换、内容访问、服务交换等工作要求。近场通信可采用 3 种不同的工作模式,如图 2.42 所示。

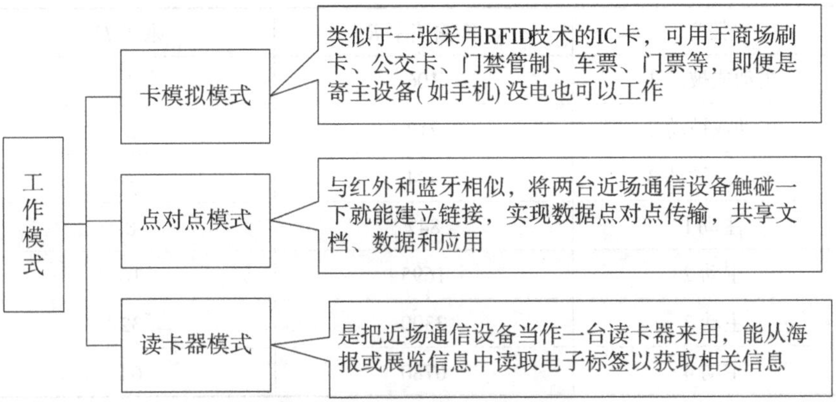
工作模式
卡模拟模式
类似于一张采用RFID技术的IC卡，可用于商场刷卡、公交卡、门禁管制、车票、门票等，即便是寄主设备(如手机)没电也可以工作
点对点模式
与红外和蓝牙相似，将两台近场通信设备触碰一下就能建立链接，实现数据点对点传输，共享文档、数据和应用
读卡器模式
是把近场通信设备当作一台读卡器来用，能从海报或展览信息中读取电子标签以获取相关信息

图 2.42 近场通信的工作模式

2. 通信模式

NFC 支持主动和被动两种通信模式及多种传输数据速率。

主动模式下,主呼和被呼各自发出射频场来激活通信;被动模式下,主呼发出射频场,被呼将响应并且装载一种调制模式激活通信。图 2.43 和图 2.44 分别给出了 NFC 主动和被动两种通信模式的工作流程。

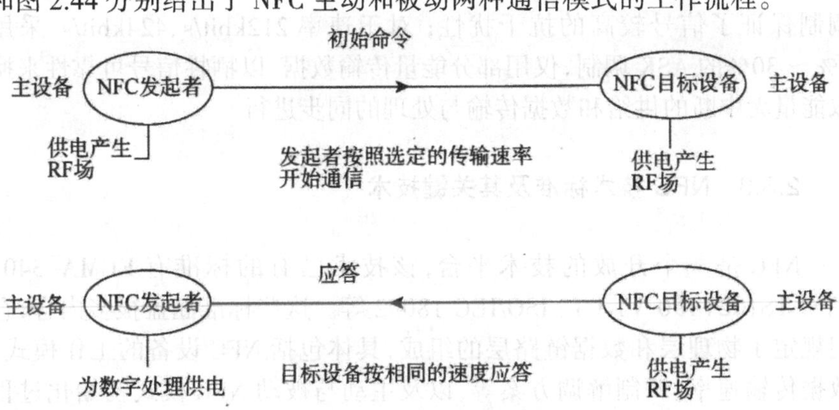
初始命令
主设备
NFC发起者
NFC目标设备
主设备
供电产生RF场
发起者按照选定的传输速率开始通信
供电产生RF场
应答
主设备
NFC发起者
NFC目标设备
主设备
为数字处理供电
目标设备按相同的速度应答
供电产生RF场

图 2.43 NFC 主动通信模式

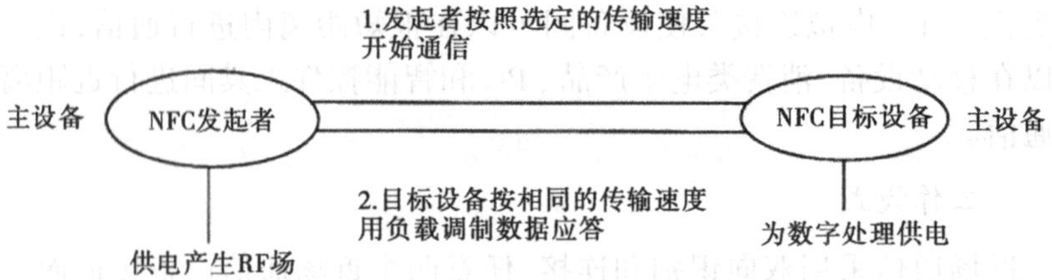
1.发起者按照选定的传输速度
开始通信
主设备
NFC发起者
NFC目标设备
主设备
2.目标设备按相同的传输速度
用负载调制数据应答
供电产生RF场
为数字处理供电

图 2.44 NFC 被动通信模式

表 2.2 则给出了 NFC 不同传输模式的不同数据速率。

表 2.2 NFC 传输模式与数据速率

模式	传输速率 R	乘子 D
主动或被动 1	106	1
主动或被动 2	212	2
主动或被动 3	424	4
主动 1	847	8
主动 2	1695	16
主动 3	3390	32
主动 4	6780	64

NFC 设备终端要求首先依据有关协议选择一种通信模式后才能传输数据，且选定之后，在数据的传输过程中不能随意更改模式。数据传输速率 R 与射频 f_c 之间的关系如下：

$$R = \frac{f_c \cdot D}{128}$$

NFC 采用的是 ASK 调制方式，对于速率 106kbit/s，采用 100% ASK 调制保证了信号较高的抗干扰性；对于速率 212kbit/s、424kbit/s，采用 8%～30%的 ASK 调制，仅用部分能量传输数据，以牺牲信号可靠性来换取能量无中断的供给和数据传输与处理的同步进行。

2.3.3 NFC 技术标准及其关键技术

NFC 是一个开放的技术平台，该技术已有的标准有 ECMA-340、ETSI TS102V190 V1.1.1、ISO/IEC 18092 等。这些标准涵盖很多内容，它们规定了物理层和数据链路层的组成，具体包括 NFC 设备的工作模式、数据传输速率、调制解调方案等，以及主动与被动 NFC 模式初始化过程中数据冲突控制机制所需的初始化方案和条件。此外，这些标准还定义了传输协议，其中包括协议启动和数据交换方法等。

NFC 空中接口规范如下：

1）ISO/IEC 18092 NFCIP-1/ECMA-340/ETSI TS102 190V1.1.1。

2）ISO/IEC 21481 NFCIP-2/ECMA-352/ETSI TS102 312V1.1.1。

NFC 测试方式规范如下：

1）ISO/IEC 22536 NFCIP-1 RF Interface Test Methods/ECMA-356/ETSI TSl02345V 1.1.1。

2）ISO/IEC 23917 Protocol Test Methods for NFC/ECMA-362。

1. 数据帧结构

不同的传输速率对应着不同的帧结构。在 106kbit/s 的速率下存在短帧、标准帧、检测帧这三种帧结构，如图 2.45、图 2.46 所示。其中，短帧用于通信的初始化过程；标准帧用于数据的交换；检测帧用于多个设备同时进行通信的冲突检测。

	bit 0	bit 1	bit 2	bit 3	bit 4	bit 5	bit 6	
开始	命令							结束

图 2.45　短帧结构

	byte 0				…	byte n				
开始	bit 0	…	bit 7	P	…	bit 0	…	bit 7	P	结束
					…	data				

图 2.46　标准帧结构

在 212kbit/s 和 424kbit/s 的速率中，帧结构是相同的，都是由前同步码、同步码、载荷长度、载荷和校验码依次组成。

2.NFC 调制方式和应用模式

（1）NFC 调制方式。标准规定了 NFC 的工作频率是 13.56MHz。数据传输速率为 106kbit/s 时，采用 ASK 调制，调制深度为 100%；数据传输速率为 212kbit/s 或者 424kbit/s 时，也是采用 ASK 调制，不过调制深度调整到 8%～30%。传输速率的选取是以工作距离的长短为界定的，工作距离最远可达到 20cm。

（2）NFC 应用模式及对应的编码技术。NFC 技术支持三种应用模式，分别是卡模式、读写模式和点对点模式。其中，卡模式主要用于商场、交通等非接触移动支付应用中，如门禁卡、银行卡等；读写模式可以非接触式地采集数据，基于该模式的典型应用有电子广告读取和车票、电影院门票售卖等；点对点模式是指两个具备 NFC 功能的设备相连，实现点对点的数据传输。

标准规定了包括信源编码和纠错编码两部分的 NFC 编码技术，对应于不同的应用模式，它们的信源编码规则是不相同的(图 2.47)。

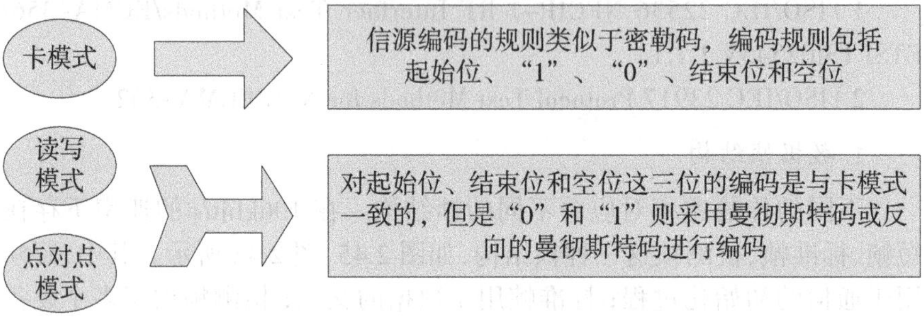
卡模式
信源编码的规则类似于密勒码，编码规则包括起始位、“1”、“0”、结束位和空位
读写模式
点对点模式
对起始位、结束位和空位这三位的编码是与卡模式一致的，但是“0”和“1”则采用曼彻斯特码或反向的曼彻斯特码进行编码

图 2.47　不用应用模式的编码规则

纠错编码采用循环冗余校验法，并且所有的传输比特(数据比特、起始比特、结束比特、校验比特及循环冗余校验比特)都要参加循环冗余校验。编码是按字节进行的，所以说编码之后总的编码比特数须是 8 的倍数。

3. 防冲突机制

为防止干扰正在工作的其他 NFC 设备或在同一频段工作的其他类型电子设备，NFC 标准规定必须先进行周围射频场的检测。具体来说就是在呼叫前，所有 NFC 设备都要执行系统初始化操作，一旦检测到的 NFC 频段的射频小于规定的门限值(0.1875A/m)，NFC 设备才能开始呼叫。假如在 NFC 射频范围内，存在多台 NFC 设备同时开机，那么 NFC 设备点对点通信的正常进行则需要采用单用户检测来保证。下面主要介绍防冲突技术常常采用的 Ad-Hoc (点对点)算法。

所谓 Ad-Hoc 是指无线自组织网络，又称为无线对等网络，是由若干个无线终端构成的一个临时性、无中心的网络。Ad-Hoc 算法主要应用在通信速率为 212kbit/s、424kbit/s 的情况下。Ad-Hoc 算法分为两种：纯 Ad-Hoc 算法和时隙 Ad-Hoc 算法。

纯 Ad-Hoc 算法原理：标签随机地发送信息，阅读器检测收到的信息且判断成功接收与否，然后标签需要一定时长的恢复再重新发送信息。

时隙 Ad-Hoc 算法原理：该算法是在纯 Ad-Hoc 算法基础上的改进，

将时间分成多个时隙,然后选定一个时隙的起始处作为发送信息的起始点,目标通信方信息的发送需要主动通信方对其进行同步。

纯 Ad-Hoc 算法的缺陷比较明显,即冲突发生的概率很大;而与纯 ADHOC 算法相比,时隙 ADHOC 算法中的碰撞区间缩小了一半,信道利用率提高了一倍。

2.3.4　NFC 应用及发展

NFC 终端设备可以用作非接触式智能卡、智能卡的读写器终端和终端间的数据传输链路,主要有以下 4 种基本类型的应用。

(1)消费应用。NFC 手机可作为乘车票,通过接触进行购票和存储车票信息,这要求手机具有足够的内存和高速的 CPU,当然,现在的手机足以满足这些要求。此外,电子钱包也是 NFC 手机的一种功能。

(2)类似门禁的应用。NFC 手机可用于公寓解锁,当手机与门都安装了相对应的芯片时,只要将手机贴近门即可开锁。另外还可以直接利用手机交付物业费等。

(3)应用于智能手机。将 NFC 卡嵌入手机的目的是快速获得自己想要的信息,比如,用户将手机在电影宣传册旁摇动一下就能从宣传册的智能芯片中下载该影片的详细资料。

(4)应用于数据通信。两台同时装有 NFC 芯片的设备之间可以进行点对点数据传递,亦允许多台终端之间的信息交互。

2.4　蓝牙技术

蓝牙是一种短距离无线通信的技术规范,在小体积和低功耗方面的突出表现几乎可以被集成到任何数字设备之中,特别是那些对数据传输速率要求不高的移动设备和便携设备。蓝牙标志保留了它名字的传统特色,包含了古北欧字母 “H” 和一个 “B”,如图 2.48 所示。

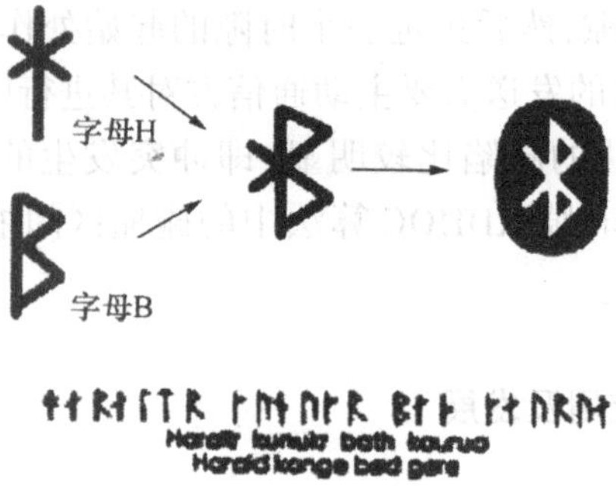
字母H
字母B

图 2.48　蓝牙标志

2.4.1　蓝牙的特征及系统组成

1. 蓝牙的主要特征

蓝牙技术规范的制定者期望建立一种全球统一的标准，在较小的范围内通过无线连接的方式实现固定设备或移动设备之间的网络互联，从而在各种数字设备之间实现灵活、安全、低功耗、低成本的语音和数据通信应用。蓝牙的特征可归纳为如图 2.49 所示。

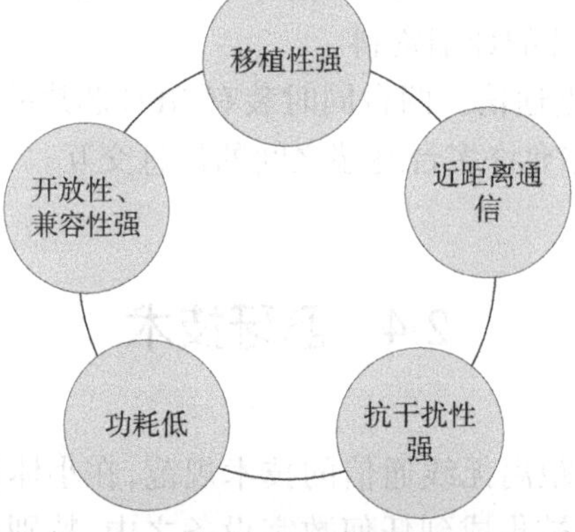
移植性强
近距离通信
抗干扰性强
功耗低
开放性、兼容性强

图 2.49　蓝牙的主要特征

蓝牙 SIG（Special Interest Group）组织自成立以来不断壮大队伍。SIG 作为已拥有 10000 多个世界范围内企业成员的国际标准化组织，一直努力推广蓝牙技术。这也就是说蓝牙的产权并非某一公司所独有，蓝牙技术的普及是有其基础支撑的。

2. 蓝牙的系统组成

蓝牙系统的结构组成如图 2.50 所示。

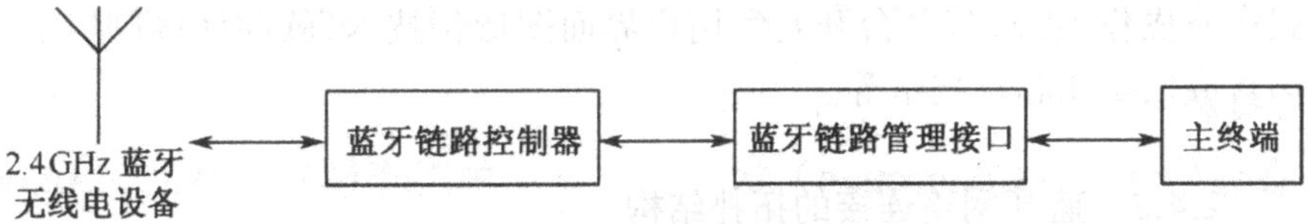
2.4GHz 蓝牙
无线电设备
蓝牙链路控制器
蓝牙链路管理接口
主终端

图 2.50 蓝牙系统的结构

蓝牙系统可提供点对点连接方式或一对多连接方式，其连接方式如图 2.51 所示。

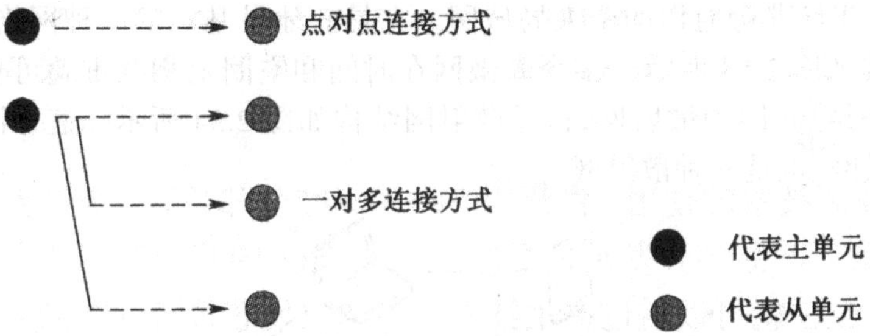
点对点连接方式
一对多连接方式
代表主单元
代表从单元

图 2.51 蓝牙系统连接方式

蓝牙无线网络的结构如图 2.52 所示。

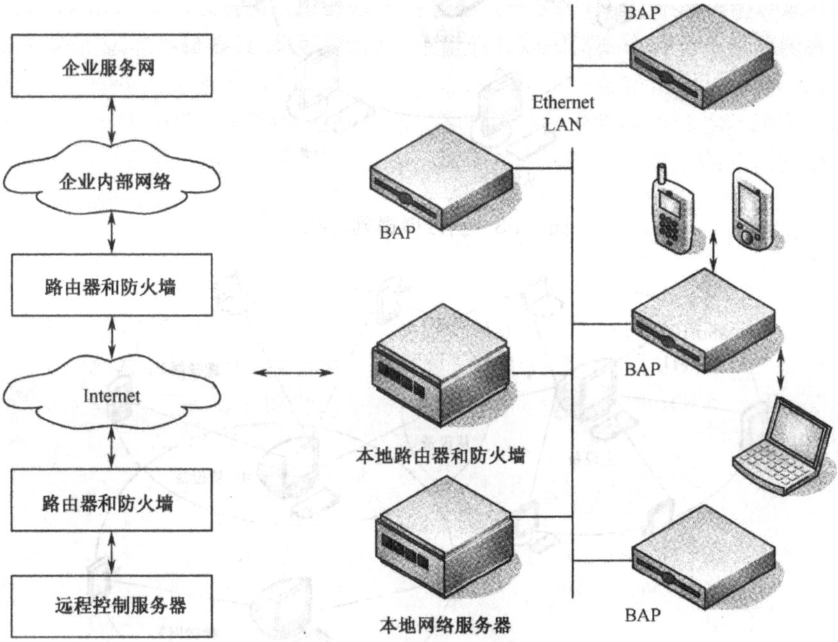
企业服务网
企业内部网络
路由器和防火墙
Internet
路由器和防火墙
远程控制服务器
BAP
Ethernet
LAN
BAP
BAP
本地路由器和防火墙
本地网络服务器
BAP

图 2.52 蓝牙无线网络结构

蓝牙技术涉及一系列软硬件技术、方法和理论，包括无线通信与网络技术、软件工程、软件可靠性理论，协议的测试技术，规范描述语言，嵌入式实时操作系统,跨平台开发和用户界面图形化技术,软硬件接口技术,高集成低功耗芯片技术等。

2.4.2 蓝牙网络连接的拓扑结构

个人区域网络有两种不同的拓扑结构,一种是微微网(piconet),另一种是散射网(scatternet)。微微网是一个主节点使用不同的跳频序列与7个从节点进行通信的个人局域网。它是蓝牙最基本的一种网络形式,其结构如图2.53所示。多个微微网在时间和空间上相互重叠可构成网络拓扑结构,即为散射网,蓝牙散射网结构如图2.54所示。蓝牙网是一种微微网,也是一种散射网。

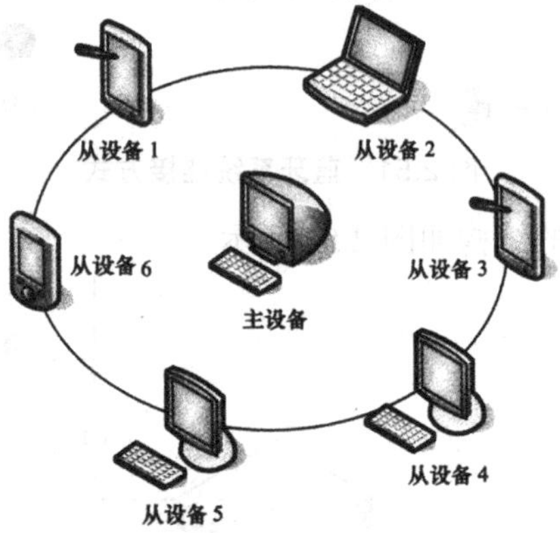
从设备1
从设备2
从设备6
从设备3
主设备
从设备4
从设备5

图2.53 蓝牙微微网结构

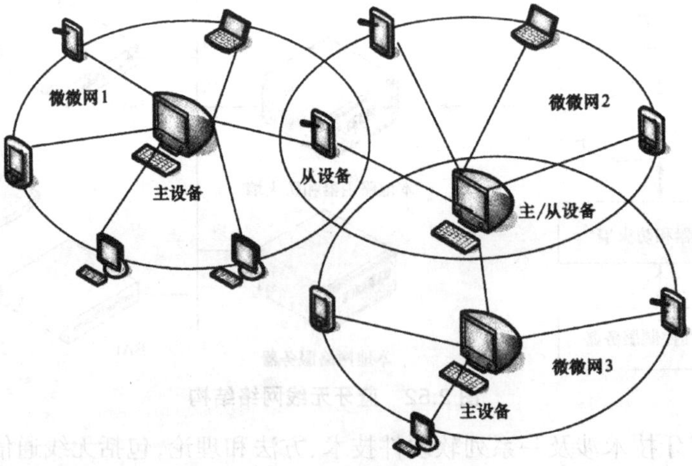
微微网1
微微网2
从设备
主设备
主/从设备
微微网3
主设备

图2.54 蓝牙散射网结构

微微网 / 散射网网络模式的优点在于：它允许大量设备共享相同的物理区域，并有效地利用带宽。一个蓝牙系统使用一个载波间隔为 1MHz 的跳频模式。一般而言，80MHz 的总带宽中使用的不同频率高达 80 个。如果不使用跳频，那么一个单一的信道将对应一个单一的 1MHz 波段。随着跳频的使用，一个逻辑信道由跳频序列定义。在任意既定的时间内，可用的带宽为 1MHz，最多可由 8 台设备共享此带宽。不同的逻辑信道（不同的跳频序列）能同时共享同样的 80MHz 带宽。当设备在不同的微微网、在不同的逻辑信道且碰巧在相同时间使用同一个跳跃频率时，将产生冲突。当一个区域内微微网的数量增加时，冲突的数量将会增加，性能就会随之下降。概括地说，散射网共享物理区域和总带宽，微微网共享逻辑信道和数据传递。

2.4.3　蓝牙技术应用

蓝牙最普通的应用是替代 PC 与打印机、鼠标、扫描仪、投影仪等外设的连接电缆，以及无线互连 PDA、移动电话和 PC 等。尤其是笔记本电脑与数字移动电话的连接，大大扩展了其各自的应用领域。

1. 应用模式

SIG 规范了蓝牙的各种应用模式，每一种应用模式对应"Profile"，规范了相应模式功能和使用的协议。不同厂商产品只要遵循同样的"Profile"，相互之间就能够互通。主要包括以下几个方面。

（1）文件传输。文件传输的目的是使两个终端之间的数据交换成为可能，传输时使用的协议如图 2.55 所示，支持目录、文件、文档、图像和流媒体格式的传输。此应用模型也包括了在远程设备中浏览文件夹的功能。

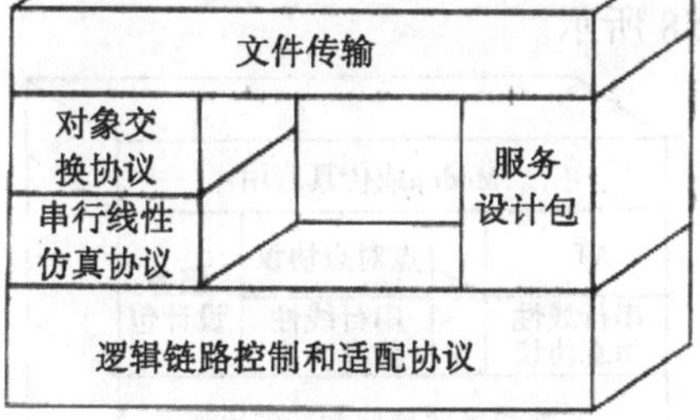
文件传输
对象交换协议
串行线性仿真协议
服务设计包
逻辑链路控制和适配协议

图 2.55　文件传输应用协议

（2）局域网接入。此应用模式使得一个微微网上的设备可以接入LAN。一旦接入，设备工作起来如同直接连到了（有线）LAN上。相应的应用协议栈如图2.56所示。

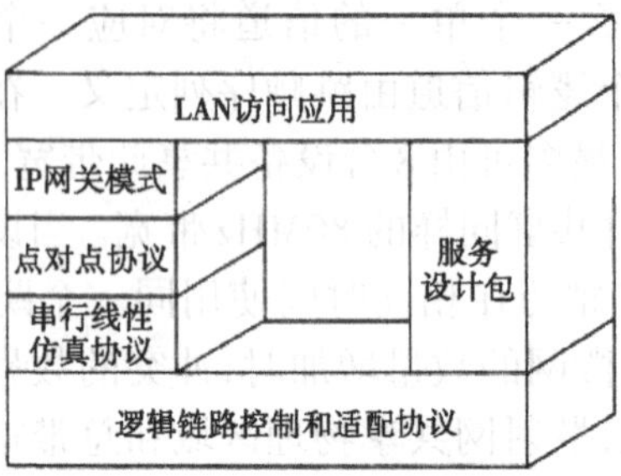
LAN访问应用
IP网关模式
点对点协议
串行线性仿真协议
服务设计包
逻辑链路控制和适配协议

图2.56　LAN接入应用协议

（3）蓝牙手机。手机在正常情况下可接入公用电话网，与其他座机或手机通话，此外也可以在基栈内使用。由此所需的应用协议栈如图2.57所示，其中音频数据信号不经过L2CAP层，直接与基带协议连接。

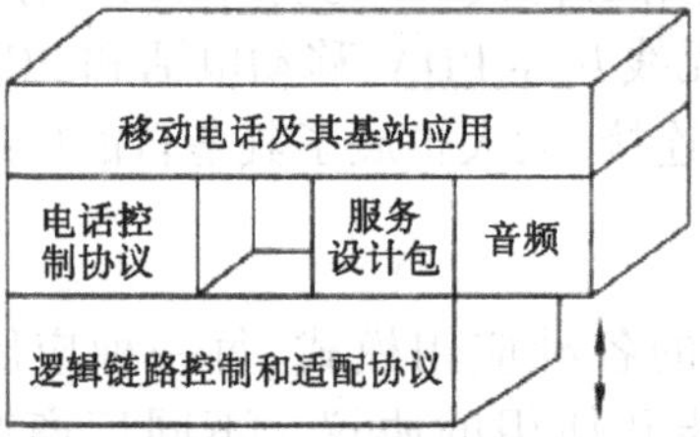
移动电话及其基站应用
电话控制协议
服务设计包
音频
逻辑链路控制和适配协议

图2.57　移动电话应用协议

（4）拨号网络。一台PC可以无线连接到一部移动电话或无绳Modem上，提供拨号联网和传真的功能。对于拨号联网，AT命令用于控制移动电话或Modem，而另一个协议栈（如RFCOMM上的PPP）用于数据传递。对于传真传递，传真软件直接在RFCOMM上操作。拨号联网所需的协议栈如图2.58所示。

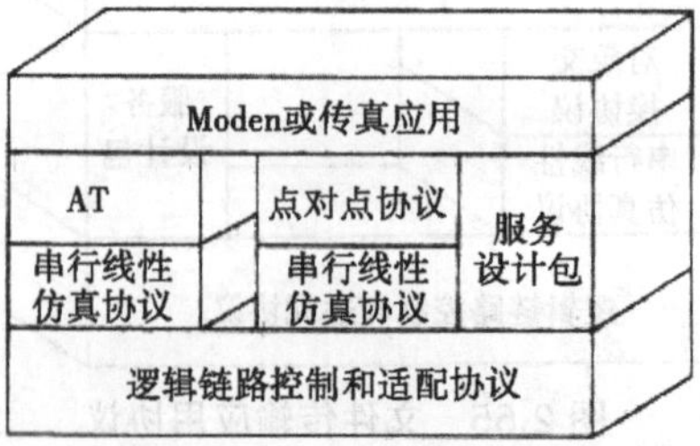
Moden或传真应用
AT
点对点协议
服务设计包
串行线性仿真协议
串行线性仿真协议
逻辑链路控制和适配协议

图2.58　拨号网络应用协议

（5）头戴式耳机。头戴式耳机能够把人的双手解放出来，它是移动通信设备的音频输入输出设备,应用协议栈如图2.59所示。值得注意的是,音频数据流不穿过L2CAP层,直接通过基带协议层。对于AT命令,必须能接收或发送。

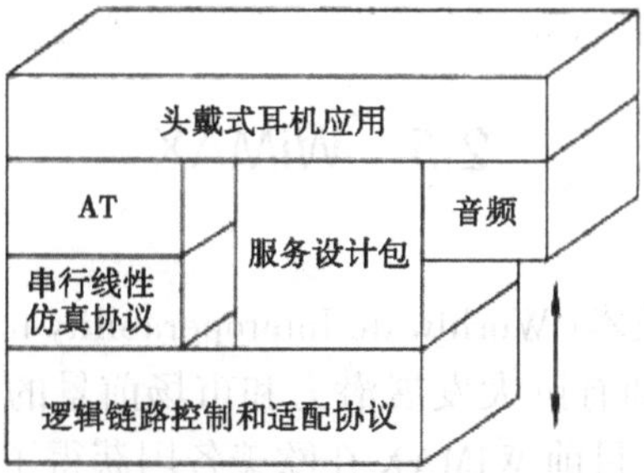
头戴式耳机应用
AT
服务设计包
音频
串行线性仿真协议
逻辑链路控制和适配协议

图2.59 头戴式耳机应用协议

(6)个人资料管理。常见的个人资料管理有电话簿记录查询、日历、任务通知和名片的传输及更新。相应协议栈如图2.60所示。

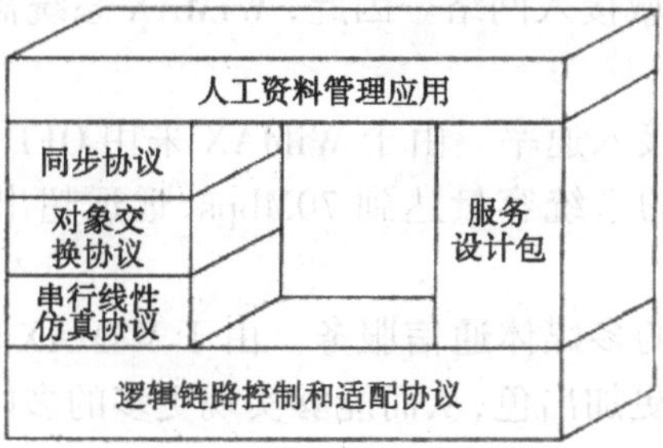
人工资料管理应用
同步协议
对象交换协议
服务设计包
串行线性仿真协议
逻辑链路控制和适配协议

图2.60 个人资料管理应用协议

2. 应用评价

从1998年SIG成立之日起到今天,蓝牙技术发展的过程并不是一帆风顺的,也遇到过一些难堪之处,其中最典型的例子就是2001年3月,在德国汉诺威国际信息展览会上有一个蓝牙分会场,蓝牙厂商现场演示蓝牙数据传送时,近百台蓝牙设备当场死机,引起一片哗然。引起事故的原因仅仅是其中一个蓝牙芯片失误,第二天排除故障后,整个系统恢复正常运行。

近几年来,现代通信技术取得了飞速的发展,尤其是数字移动通信和互联网进展迅猛。移动通信网已经覆盖了世界的每一个角落,互联网的触角也已经深入人类各种活动之中。作为近距离无线通信技术的蓝牙,在自己的发展过程中不可避免地会与远距离的无线通信技术发生交叉和碰撞。它们之间必然会形成一定的关系。人们普遍认为,远距离无线通信的协议不能取代近距离的无线通信，这就给蓝牙技术的发展提供了自成一套研究体系的空间。蓝牙技术的应用不仅取决于蓝牙自身，还取决于数字通信和网络通信的进展，它们之间是相辅相成的关系。

2.5 WiMAX

无线宽带接入技术（Worldwide Interoperability for Microwave Access，WiMAX）作为一种拥有巨大发展潜力和市场前景的接入技术，正受到通信行业的广泛关注。目前WiMAX在欧美各国获得了广泛的关注和应用，并且在亚洲地区也开始蓬勃发展。

WiMAX系统的技术优势概括如下。

（1）较远的传输距离。WiMAX的最大传输距离可达50km，可以覆盖整个城域作为城域接入网络。因此，WiMAX系统需要的基站少，硬件成本低。

（2）非常高的接入速率。由于WiMAX采用OFDM调制方式和多天线等技术，使得它的系统容量达到70Mbps，远远超出了Wi-Fi和3G的系统容量。

（3）提供广泛的多媒体通信服务。由于WiMAX较之Wi-Fi在安全性和可扩展性方面更加出色，从而能够实现更多的多媒体通信服务，例如数据、语音和视频的传输等。

2.5.1 WiMAX标准

WiMAX是IEEE 802.16技术在市场推广时采用的名称。IEEE 802.16工作组先后发布了IEEE的802.16—2001、802.16a、802.16c、802.16d、802.16e、802.16f、802.16g、802.16h、802.16i、802.16j、802.16k、802.16m、802.16n和802.16p等系列标准。其中主要标准的演进路线如图2.61所示。

IEEE 802.16无线通信标准的典型应用如图2.62所示。

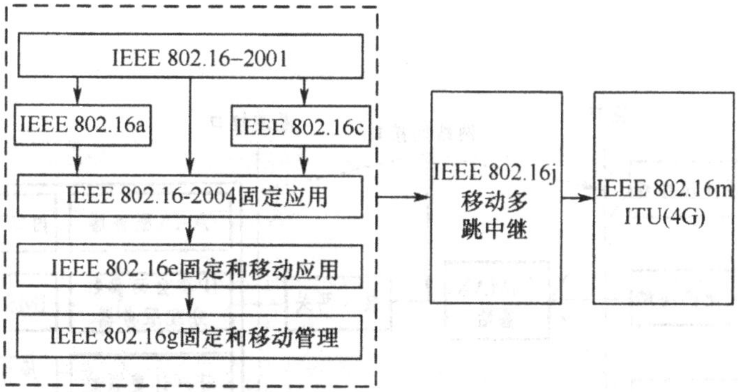
IEEE 802.16-2001
IEEE 802.16a
IEEE 802.16c
IEEE 802.16-2004固定应用
IEEE 802.16e固定和移动应用
IEEE 802.16g固定和移动管理
IEEE 802.16j
移动多
跳中继
IEEE 802.16m
ITU(4G)

图 2.61 IEEE 802.16 主要标准规范演进路线

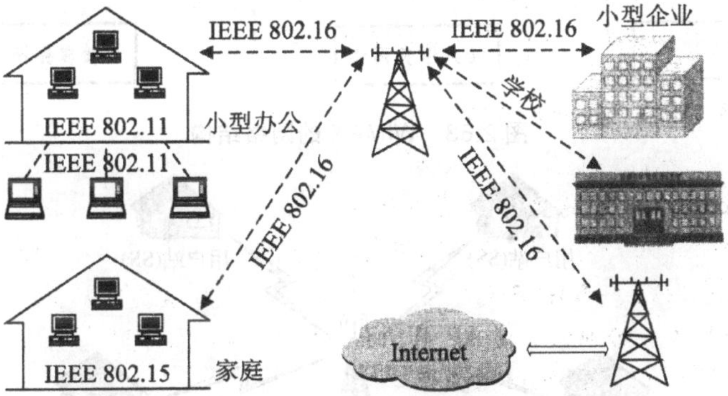
IEEE 802.16
IEEE 802.16
小型企业
IEEE 802.11
小型办公
IEEE 802.11
学校
IEEE 802.16
IEEE 802.16
Internet
IEEE 802.15
家庭

图 2.62 IEEE 802.16 标准的典型应用

2.5.2 WiMAX 系统的结构

1. 网络结构

WiMAX系统由终端设备(MS/SS)、接入服务网络(Access Service Network,ASN)和连接服务网络(Connectivity Service Network,CSN)组成。WiMAX 网络结构的组成如图 2.63 所示。每一部分负责不同的功能。

2.WiMAX 的组网结构

(1)PMP结构。PMP(点对多点)网络结构,是WiMAX系统的基础组网结构。PMP结构以基站为核心,采用点对多点的连接方式,构建星形结构的WiMAX接入网络。PMP网络拓扑结构描绘的是一个基站(Base Station,BS)服务多个用户站(Subscriber Station,SS),如图 2.64 所示。

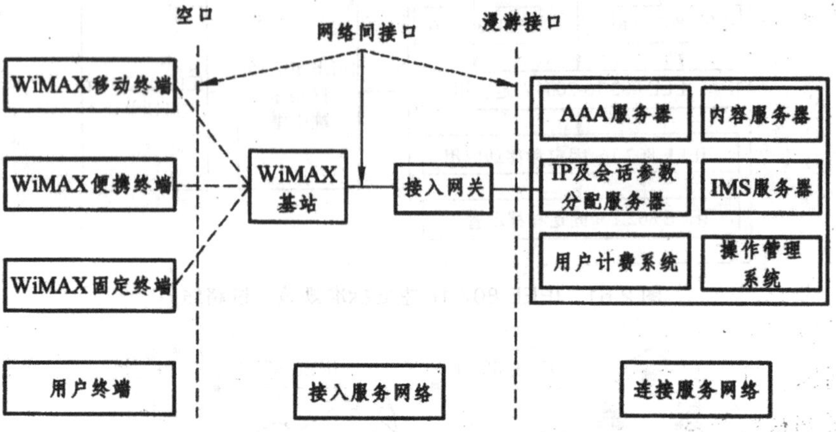
空口
网络间接口
漫游接口
WiMAX移动终端
WiMAX便携终端
WiMAX固定终端
WiMAX
基站
接入网关
AAA服务器
内容服务器
IP及会话参数
分配服务器
IMS服务器
用户计费系统
操作管理
系统
用户终端
接入服务网络
连接服务网络

图 2.63　WiMAX 的网络结构

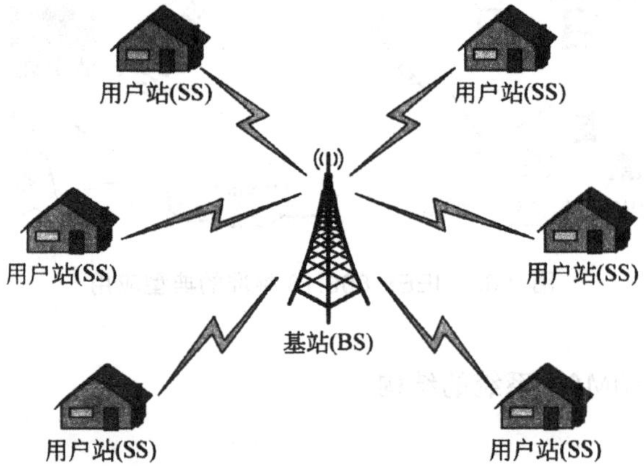
用户站(SS)
用户站(SS)
用户站(SS)
用户站(SS)
基站(BS)
用户站(SS)
用户站(SS)

图 2.64　PMP 网络拓扑基本结构

（2）Mesh 结构。Mesh 结构采用多个基站以网状网方式扩大无线覆盖区。其中，有一个基站作为业务接入点与核心网相连，其余基站通过无线链路与该业务接入点相连，如图 2.65 所示。因此，作为 SAP 的基站既是业务的接入点又是接入的汇聚点，而其余基站并非简单的中继站（Relay Station，RS）功能，而是业务的接入点。

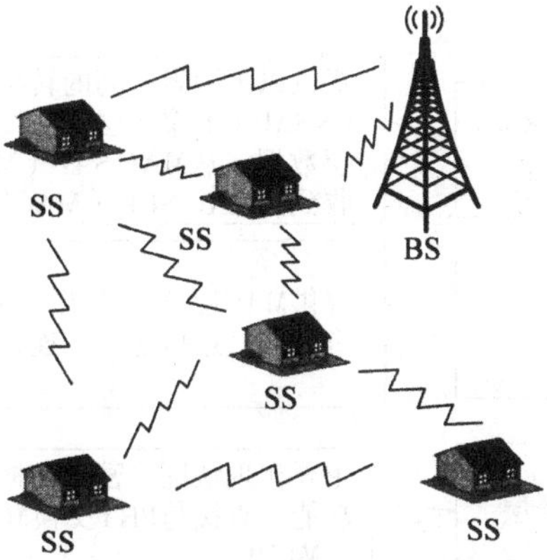
SS
SS
BS
SS
SS
SS

图 2.65　Mesh 网络结构

2.5.3　WiMAX 协议模型

IEEE 802.16 标准协议模型（图 2.66）定义了介质访问控制（Medium Access Control，MAC）和物理层（Physincal Layer，PHY）协议结构。

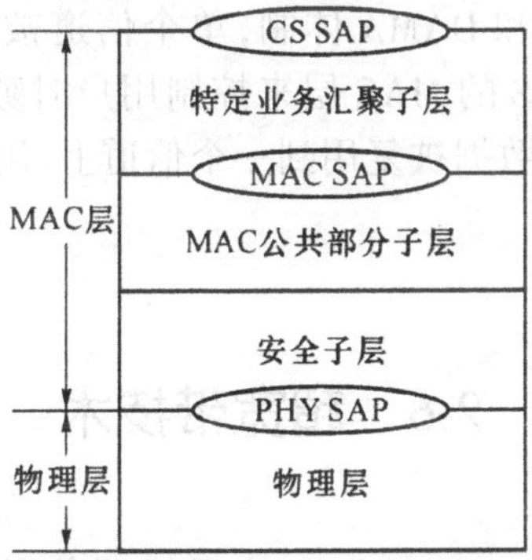
CS SAP
特定业务汇聚子层
MAC SAP
MAC层
MAC公共部分子层
安全子层
PHY SAP
物理层
物理层

图 2.66　802.16 协议模型

1.MAC 层

WiMAX 中的通信是面向连接的。来自 WiMAX MAC 上层协议子层的所有服务（包括无连接服务）被映射到 WiMAX MAC 层 SS 与 BS 间的连接。为向用户提供多种服务，SS 可以与 BS 之间建立多个连接，并通过 16bit 连接标识（Connection Identifier，CIDs）识别。

MAC 层又分为特定服务汇聚子层（Service-Specifical Convergonce Sublagyer，SSCS）、MAC 公共子层（Common Part Sublayer，CPS）和安全子层（Security Sublayer，SS），它们分别具有不同的功能，具体如图 2.67 所

示。

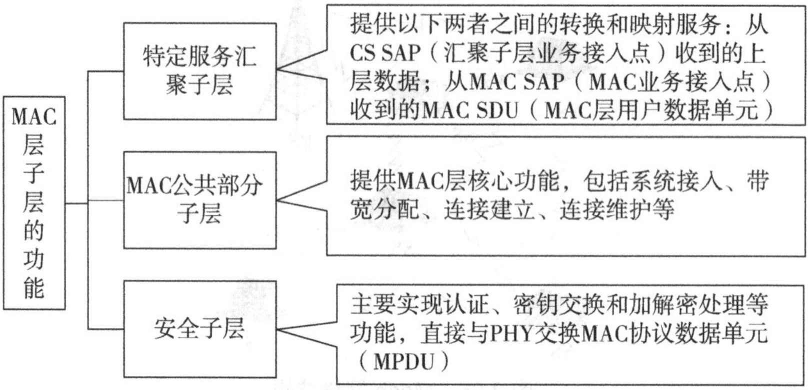
MAC层子层的功能
特定服务汇聚子层
提供以下两者之间的转换和映射服务：从CS SAP（汇聚子层业务接入点）收到的上层数据；从MAC SAP（MAC业务接入点）收到的MAC SDU（MAC层用户数据单元）
MAC公共部分子层
提供MAC层核心功能，包括系统接入、带宽分配、连接建立、连接维护等
安全子层
主要实现认证、密钥交换和加解密处理等功能，直接与PHY交换MAC协议数据单元（MPDU）

图 2.67 MAC 层子层的功能

2. 物理层

物理层由传输汇聚子层（TCL）和物理媒体相关（PMD）子层组成，通常说的物理层主要是指 PMD。IEEE 802.16 物理层定义单载波（SC）、SCa、OFDM、OFDMA 四种承载体制，以及 TDD 和 FDD 两种双工方式。上行信道采用 TDMA 和 DAMA 体制，单个信道被分成多个时隙，SS 竞争申请信道资源，由 BS 的 MAC 层来控制用户时隙分配；下行信道采用 TDMA 体制，多个用户数据被复用到一个信道上，用户通过 CID 来识别和接收自己的数据。

2.6 超宽带技术

超宽带（Ultra Wide Band，UWB）无线通信是一种不用载波，而采用时间间隔极短（小于 1ns）的窄脉冲进行通信的方式。超宽带无线通信应用大体上可以分为两类，如表 2.3 所示。超宽带无线通信的网络形式主要是自组织（Ad-Hoc）网络。就对应标准而言，高速率应用对应于 IEEE802.15 3，低速率应用对应于 IEEE802.15 4。

表 2.3 超宽带无线通信的应用

应用类型	数据传输速率	通信距离	应用场景
短距离高速应用	数百 Mbit/s	10m	构建短距离高速 WPAN、家庭无限多媒体网络以及替代高速短程有线连接，如无线 USV 和 DVD 等

应用类型	数据传输速率	通信距离	应用场景
中长距离低速率应用	1Mbit/s	几十米以上	无线传感器网络和低速率连接

2.6.1　超宽带技术无线传输系统的基本模型

UWB 无线传输系统的基本模型如图 2.68 所示。总体来看，UWB 系统主要包括发射部分、无线信道和接收部分，与传统的无线发射和接收机结构比较来看，UWB 系统的发射部分和接收部分结构较简单，更加便于实现。对于脉冲发生器而言，其达到发射要求仅需产生 100mV 左右的电压即可，也就是说，并不需要在发生器端安装功率放大器，而仅需要有满足带宽要求的极窄脉冲即可。对于接收端而言，需要经过低噪声放大器，匹配滤波器和相关接收机来处理收集的信号。

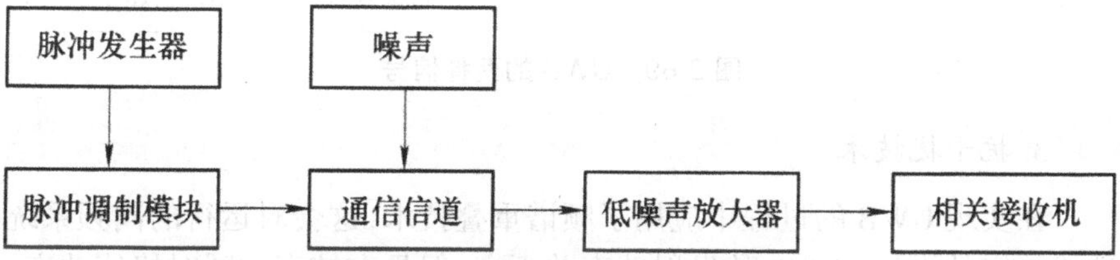
脉冲发生器
噪声
脉冲调制模块
通信信道
低噪声放大器
相关接收机

图 2.68　UWB 传输系统的基本模型

2.6.2　超宽带技术与物联网结合的关键技术

在 UWB 技术带来很大便利的同时，又向人们提出了更大的挑战。UWB 技术与正在使用的其他通信系统的工作频段相同，这就需要人们研究它们之间的相互干扰。为了扩大 UWB 技术的应用范围，应从以下关键技术着手进行改善。

1. 规则与标准

作为一项新型的技术，需要对 UWB 系统制定相关规则与标准，从而确保 UWB 系统与其他运行系统间以及不同 UWB 产品间的兼容性。要想使 UWB 技术得到广泛应用，必须制定出一套行之有效的物理层（PHY）和媒体接入控制（MAC）协议标准。将 UWB 与 Ad-Hoc 网两者结合起来，能够扩大 UWB 系统的容量，需要注意的是，为了便于各移动节点的接入和产品间的兼容性，也需要对 Ad-Hoc 网的管理层制定相应的标准。

2. 信号的选择

UWB 具有两种信号，即跳时（TH）信号和直接序列（DS）信号

（图 2.69）。

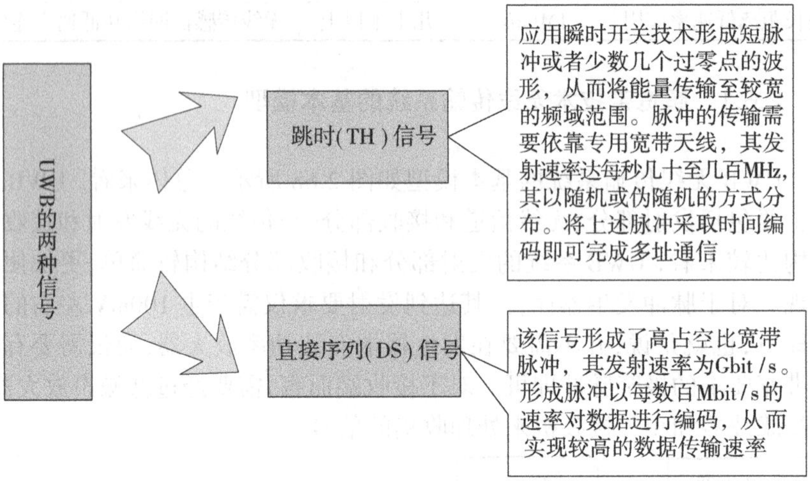
UWB的两种信号
跳时(TH)信号
直接序列(DS)信号
应用瞬时开关技术形成短脉冲或者少数几个过零点的波形，从而将能量传输至较宽的频域范围。脉冲的传输需要依靠专用宽带天线，其发射速率达每秒几十至几百MHz，其以随机或伪随机的方式分布。将上述脉冲采取时间编码即可完成多址通信
该信号形成了高占空比宽带脉冲，其发射速率为Gbit/s。形成脉冲以每数百Mbit/s的速率对数据进行编码，从而实现较高的数据传输速率

图 2.69　UWB 的两种信号

3. 抗干扰技术

在实现 UWB 的过程中应用了频谱重叠技术，这会对运行的同频系统造成一定的干扰。UWB 的发射功率并不高，但具有较高的瞬时峰值功率，故应对其进行合理的优化，来降低对同频通信系统的影响，可以使用自适应功率控制、占空比优化等方式。由于 UWB 系统传输功率很低，且大部分工作在工业区、商业区或者住宅区等一些环境恶劣的场合，容易受到噪声和其他同频无线电的干扰。

4. 调制、接收技术

UWB 用于军事领域时，并不注重大容量、多用户的问题。而将其用于商业领域时，主要解决的问题正是大容量、多用户的问题。考虑到 UWB 信道的时域特殊性，为了提高用户容量，应采用更为合适的调制技术和编码方法。

UWB 信号具有较宽的信号范围和频率弥散效应。不论是低端信号还是高端信号都具有不同程度的失真、频散及损耗。除此以外，高速器件具有比低速器件更高的成本。为了有效解决上述问题，应利用信道分割技术。应用此技术还能减少与无线 LAN 使用的 5GHz 频带的干扰，通过在不同区域分配不同波段，来提高信号的传输效率。

在 UWB 产品的天线设计方面，要求是微型、在各种条件下能正常工作，具有超宽频带和一定增益。

5. 信道特性

与窄带无线通信相比，UWB 具有很多不同之处，具体包括调制、编码、功率控制、天线设计等。为了更加有效地分析 UWB 的各项物理性能，应该提出一个合理的、贴近于现实的 UWB 信道模型。

6. 集成电路的开发

UWB 系统具有高于窄带系统几十倍的带宽，其对 UWB 宽带集成电路和高速非线性器件的影响较大，从而对 UWB 技术进一步的发展和应用造成直接影响。

2.6.3　超宽带技术的研究现状

UWB 在 10m 以内的范围实现无线传输，是应用于无线个域网（WPAN）的一种近距离无线通信技术。在 UWB 物理层技术实现中，存在两种主流的技术方案：基于正交频分复用（OFDM）技术的多频带 OFDM（MB-OFDM）方案、基于 CDMA 技术的直接序列 CSMA（Direct Sequence-Code Division Multiple Access，DS-CDMA）方案。

CDMA 技术广泛应用于 2G 和 3G 移动通信系统，在 UWB 系统中使用的 CDMA 技术与在传统通信系统中使用的 CDMA 技术相比，使用了很高的码片速率，以获得符合 UWB 技术标准的超宽带宽。OFDM 则是应用于 E3G、B3G 的核心技术，具有频谱效率高、抗多径干扰和抗窄带干扰能力强等优点。

UWB 的 MAC 层协议支持分布式网络拓扑结构和资源管理，不需要中心控制器，即支持 Ad-Hoc 或 Mesh 组网，支持同步和异步业务、支持低成本的设备实现以及多个等级的节电模式。协议规定网络以微微网为基本单元，其中的主设备被称为微微网协调者（Piconet Coordinator，PNC）。PNC 负责提供同步时钟、QoS 控制、省电模式和接入控制。作为一个 Ad-Hoc 网络，微微网只有在需要通信时才存在，通信结束，网络也随之消失。网内的其他设备为从设备。WPAN 网络的数据交换在 WPAN 设备之间直接进行，但网络的控制信息由 PNC 发出。

2.7 M2M技术

M2M是Machine-to-Machine/Man的缩写,是一种以机器终端智能交互为核心的、网络化的应用与服务。M2M是将数据从一台终端传送到另一台终端,也就是机器与机器的对话。描述M2M最基本的方式如图2.70所示。

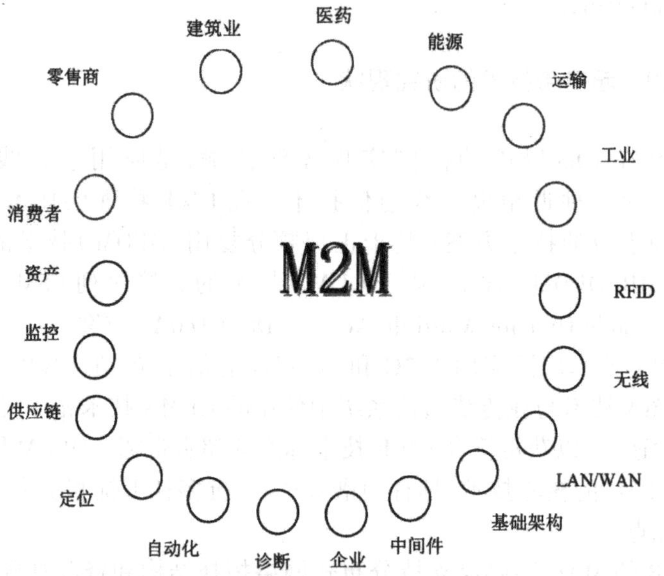
建筑业
医药
能源
零售商
运输
工业
消费者
M2M
资产
RFID
监控
无线
供应链
LAN/WAN
定位
基础架构
自动化
诊断
企业
中间件

图2.70 M2M的本质

在生活中,M2M的应用范围较为广泛,例如上班用的门禁卡,超市的条码扫描;在石油行业可以利用网络远程遥控油井设备,及时准确了解各个设备处于的工作状态;在电力行业可以远程对配电系统进行一系列的现代化管理维护操作,即监测、保护、控制;在交通行业主要用于采集车辆信息(如车辆位置、行驶速度、行驶方向等),远程管理控制车辆。

2.7.1 M2M的含义

M2M有狭义和广义之分。狭义的M2M指机器到机器的通信;广义的M2M指以机器终端智能交互为核心的、网络化的应用与服务。

M2M 基于智能机器终端,以多种通信方式为接入手段,为客户提供信息化解决方案,满足客户对监控、指挥调度、数据采集和测量等方面的信息化需求。

M2M 的扩展概念包括“Machine to Mobile,机器对移动设备”和“Man to Machine,人对机器”等。M2M 提供了设备实时数据在系统之间、远程设备之间、机器与人之间建立通信连接的简单手段,旨在通过通信技术来实现人、机器、系统三者之间的智能化、交互式无缝连接,从而实现人与机器、机器与机器之间畅通无阻、随时随地通信。

2.7.2　M2M 系统结构的特点

(1)多数性。设备的数量在数量级上的增加将导致应用程序结构和网络负载的压力,移动网络在设计时并没有考虑这些 M2M 设备。

(2)多样性。M2M 应用程序的实现导致了大量有多种需求的设备的出现。由于大量设备的出现带来异构性,使得设备与设备之间的互操作能力变得很困难。

(3)不可见性。设备必须很少或不需要人的控制,这就要求设备管理被无缝地集成到服务和网络管理中。

(4)临界性。一些应用,如智能电网上的电压、生命保障系统等,在延迟和可靠性上有严格要求,这将挑战和超越现代网络的能力。

(5)隐私问题。设备管理被集成到通信系统中,这就意味着设备上数据的隐私问题和安全问题成为人们关注的问题之一。

2.7.3　M2M 系统结构

M2M 业务是一种以机器终端智能交互为核心的、网络化的应用与服务。M2M 业务流程涉及众多环节,其数据通信过程内部也涉及多个业务系统。系统架构如图 2.71 所示。

M2M 系统架构包括终端、系统以及应用三层。

1. 第一层——M2M 终端

M2M 终端具有的功能主要包括接收远程 M2M 平台激活指令、本地故障报警、数据通信、远程升级、使用短消息 / 彩信 /GPRS 等几种接口通信协议与 M2M 平台进行通信。M2M 终端具有不同类型,其系统架构如图 2.72 所示。

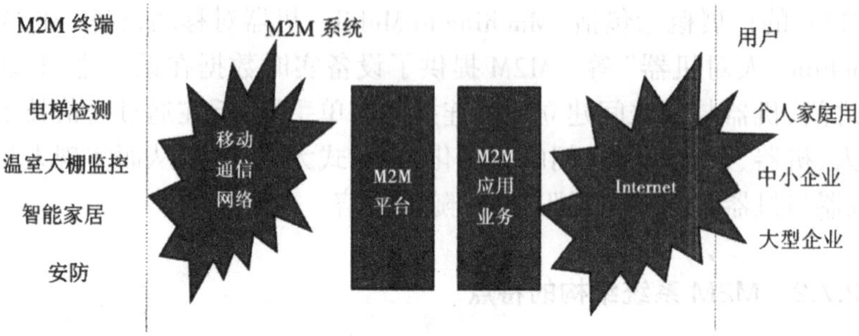
M2M 终端
M2M 系统
用户
电梯检测
温室大棚监控
智能家居
安防
移动通信网络
M2M平台
M2M应用业务
Internet
个人家庭用户
中小企业
大型企业

图 2.71　M2M 系统架构

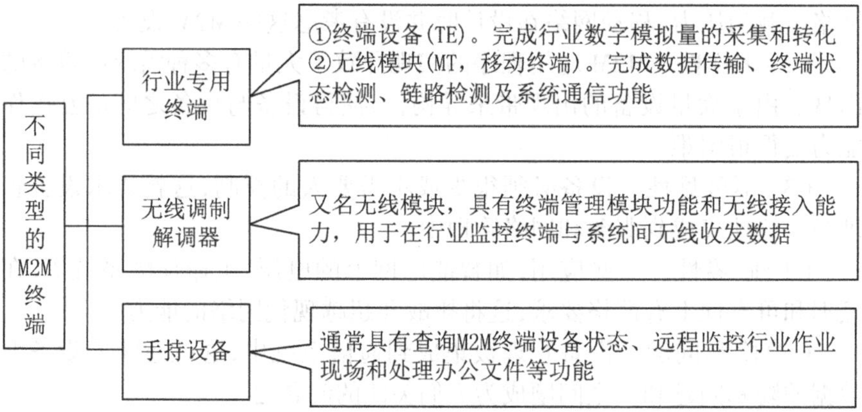
不同类型的M2M终端
行业专用终端
①终端设备(TE)。完成行业数字模拟量的采集和转化
②无线模块(MT，移动终端)。完成数据传输、终端状态检测、链路检测及系统通信功能
无线调制解调器
又名无线模块，具有终端管理模块功能和无线接入能力，用于在行业监控终端与系统间无线收发数据
手持设备
通常具有查询M2M终端设备状态、远程监控行业作业现场和处理办公文件等功能

图 2.72　不同类型的 M2M 终端

2. 第二层——M2M 管理系统

它为客户提供统一的移动行业终端管理、终端设备鉴权，支持多种网络接入方式，提供标准化的接口，使得数据传输简单直接，提供数据路由、监控、用户鉴权、内容计费等管理功能。M2M 管理系统主要模块构成如图 2-73 所示。

3. 第三层——应用系统

该层是 M2M 终端获得了信息以后，本身并不处理这些信息，而是将这些信息集中到应用平台上，由应用系统来实现业务逻辑，把感知和传输来的信息进行分析和处理，做出正确的控制和决策，实现智能化的管理、应用和服务。

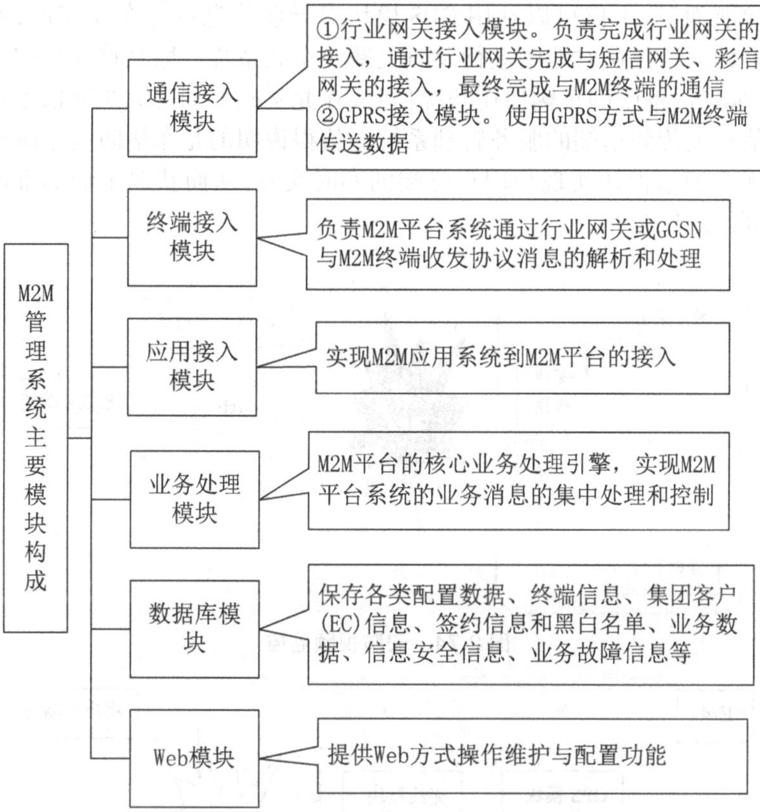
M2M管理系统主要模块构成
通信接入模块
①行业网关接入模块。负责完成行业网关的接入，通过行业网关完成与短信网关、彩信网关的接入，最终完成与M2M终端的通信
②GPRS接入模块。使用GPRS方式与M2M终端传送数据
终端接入模块
负责M2M平台系统通过行业网关或GGSN与M2M终端收发协议消息的解析和处理
应用接入模块
实现M2M应用系统到M2M平台的接入
业务处理模块
M2M平台的核心业务处理引擎，实现M2M平台系统的业务消息的集中处理和控制
数据库模块
保存各类配置数据、终端信息、集团客户(EC)信息、签约信息和黑白名单、业务数据、信息安全信息、业务故障信息等
Web模块
提供Web方式操作维护与配置功能

图 2.73　M2M 管理系统主要模块构成

2.7.4　M2M 应用实例

1. 安防视频监控

安防视频系统包括快照、视频信息采集终端、无线通信网络和远程信息管理系统、服务器、客户端等模块。快照信息、视频信息通过无线网络将信息传到用户终端,包括可视电话、Web 服务器、传真机等。另外,快照、视频采集终端也可以先将现场的数据信息及时更新到远端的 Web 服务器,用户再通过 Web 浏览器对远程环境信息进行浏览,如图 2–74 所示。

2. 车载系统

车载系统由 GPS 卫星定位系统、移动车载终端、无线网络和管理系统、GPS 地图、Web 服务器、用户终端组成。车载终端由控制器模块、GPS、无线模块、视频图像处理设备及信息采集设备等组成。对于车载

GPS 导航而言，不仅可以利用 GPS 模块对导航信息进行在线获取，而且可以借助无线模块对地图进行及时更新。车载系统一般是首先获取车辆信息，采集设备中的车辆使用状况信息，在此基础上利用无线通信模块将车辆信息上传到远端的服务管理系统。值得说明的是车辆防盗系统可以借助无线通信模块实现与用户终端的实时交互，从而获取车辆的准确信息，如图 2.75 所示。

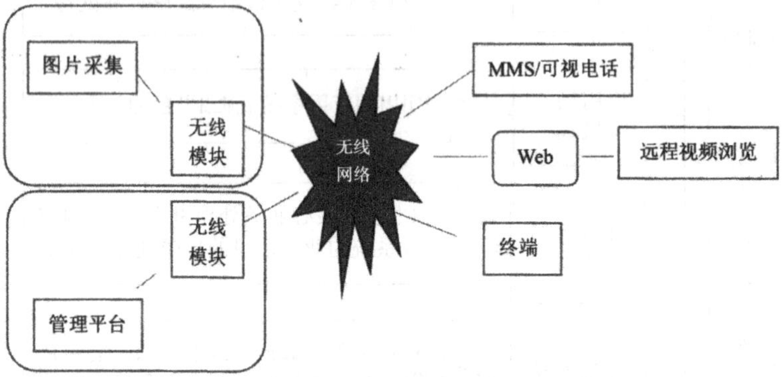
图片采集
无线
模块
无线
模块
管理平台
无线
网络
MMS/可视电话
Web
远程视频浏览
终端

图 2.74 安防视频监控

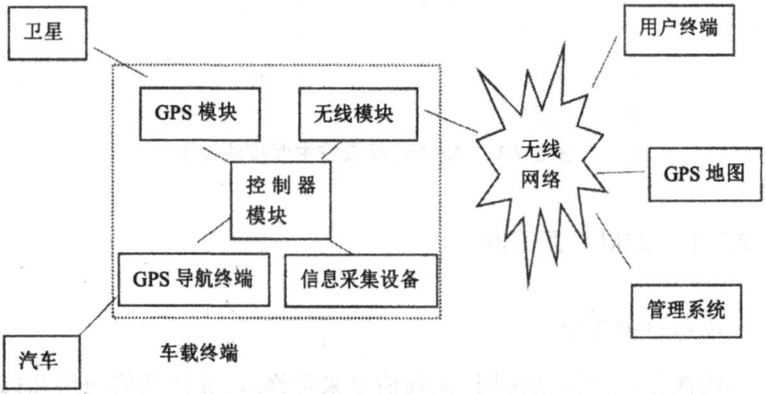
卫星
GPS 模块
无线模块
控制器
模块
GPS 导航终端
信息采集设备
汽车
车载终端
无线
网络
用户终端
GPS 地图
管理系统

图 2.75 车载系统

3. 智能交通系统

智能交通系统由 GPS 卫星定位系统、ITS 控制中心、无线通信网络和移动车载终端等系统模块组成。其中，移动车载终端包括对各个部件进行操作的控制器模块、GPS 定位模块、无线通信模块以及视频图像处理设备等。在移动车载终端上控制器模块借助 RS-232 接口连接到 GPS 模块、无线通信模块、视频图像处理等相关设备。在实际系统中，移动车载终端模块通过 GPS 卫星定位系统对车辆的经度、纬度、速度、时间等信息进行获取,并将这些信息传送给控制器模块;通过视频图像设备采集车辆状态信息。微控制器通过 GPRS 模块与监控中心进行双向的信息交互,完成相应的功能。车载终端通过无线模块还可以支持车载语音功能,如图 2.76 所示。

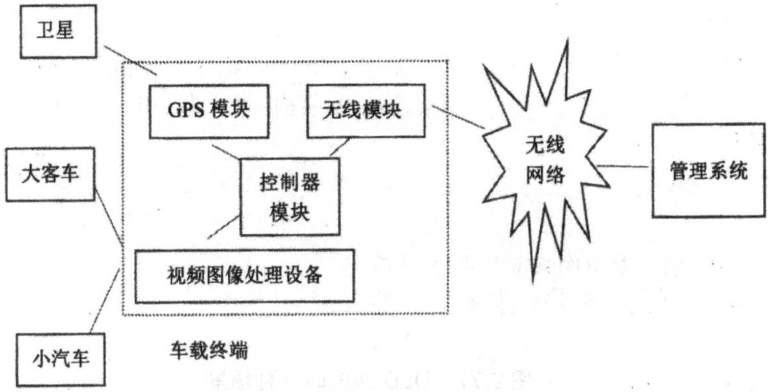
卫星
GPS 模块
无线模块
大客车
控制器
模块
视频图像处理设备
小汽车
车载终端
无线
网络
管理系统

图 2.76 智能交通系统

2.8 D2D 技术

Device-to-Device(D2D)通信是一种在系统的控制下,允许终端之间通过复用小区资源直接进行通信的新型技术,它能够增加蜂窝通信系统频谱效率,降低终端发射功率,在一定程度上解决无线通信系统频谱资源匮乏的问题。目前,D2D 采用广播、组播和单播技术方案,未来将发展其增强技术,包括基于 D2D 的中继技术、多天线技术和联合编码技术等。

2.8.1 D2D 系统架构

D2D 技术即终端直连传输技术,是指在 LET 网络系统控制下,允许处在相近位置的终端用户可以直接进行数据通信,而不需要通过基站进行中转传输的新型技术。

按照蜂窝网络覆盖范围区分,可以把 D2D 通信分成 3 种场景(图 2.77)。

在第①种场景,LTE 基站首先需要发现 D2D 通信设备,建立逻辑连接,然后控制 D2D 设备的资源分配,进行资源调度和干扰管理,用户可以获得高质量的通信。

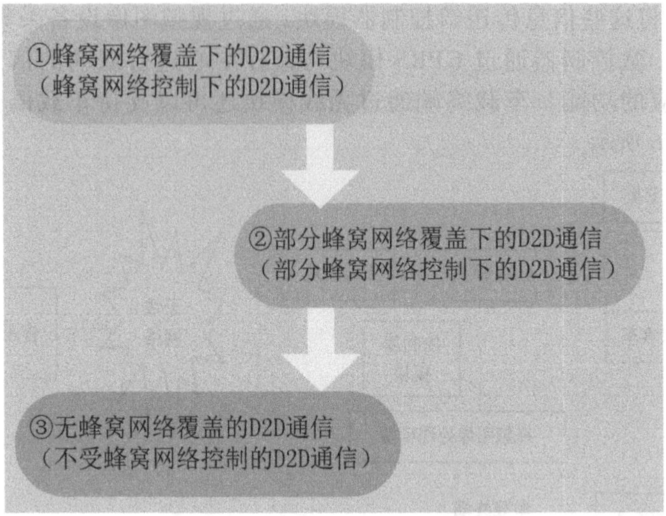
①蜂窝网络覆盖下的D2D通信
（蜂窝网络控制下的D2D通信）
②部分蜂窝网络覆盖下的D2D通信
（部分蜂窝网络控制下的D2D通信）
③无蜂窝网络覆盖的D2D通信
（不受蜂窝网络控制的D2D通信）

图 2.77　D2D 通信的 3 种场景

在第②种场景，基站只需引导设备双方建立连接，而不再进行资源调度，其网络复杂度比第一类 D2D 通信有大幅降低。

在第③种场景，用户设备直接进行 D2D 通信，该场景对应于蜂窝网络瘫痪的时候，用户可以经过多跳，相互通信或者接入网络。

2.8.2　D2D 技术优势

作为面向 5G 的关键候选技术，D2D 通信固有的技术优势，受到广泛关注。D2D 通信的关键技术主要包括：实现邻近 D2D 终端的检测及识别的 D2D 发现技术、同步技术、无线资源管理、功率控制和干扰协调、通信模式切换等。

其技术优势主要体现在三个方面，如图 2.78 所示。

2.8.3　D2D 技术面临的挑战

（1）D2D 干扰协调。需要一种高效的调度机制协调蜂窝链路和 D2D 链路之间的干扰，实现系统吞吐率和覆盖率最优。

（2）D2D 模式切换。与蜂窝通信之间的切换标准、策略（自主或辅助切换），还需考虑移动性。

（3）商业模式。D2D 技术的应用会导致运营商流量流失（如何促使其使用 D2D 技术）；空闲用户帮助其他用户转发的激励措施。

（4）信息安全。非法监听等安全问题（中继用户更严重）。

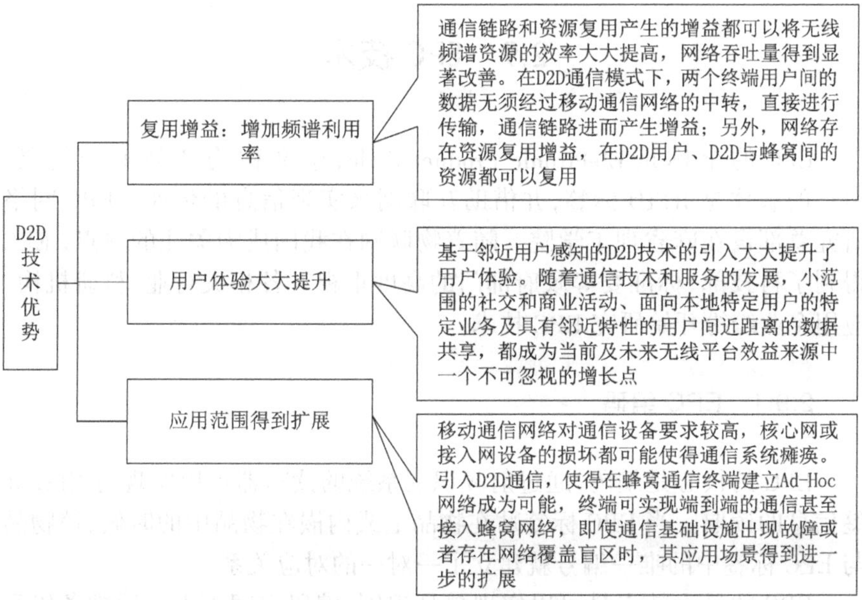
D2D技术优势
复用增益：增加频谱利用率
通信链路和资源复用产生的增益都可以将无线频谱资源的效率大大提高，网络吞吐量得到显著改善。在D2D通信模式下，两个终端用户间的数据无须经过移动通信网络的中转，直接进行传输，通信链路进而产生增益；另外，网络存在资源复用增益，在D2D用户、D2D与蜂窝间的资源都可以复用
用户体验大大提升
基于邻近用户感知的D2D技术的引入大大提升了用户体验。随着通信技术和服务的发展，小范围的社交和商业活动、面向本地特定用户的特定业务及具有邻近特性的用户间近距离的数据共享，都成为当前及未来无线平台效益来源中一个不可忽视的增长点
应用范围得到扩展
移动通信网络对通信设备要求较高，核心网或接入网设备的损坏都可能使得通信系统瘫痪。引入D2D通信，使得在蜂窝通信终端建立Ad-Hoc网络成为可能，终端可实现端到端的通信甚至接入蜂窝网络，即使通信基础设施出现故障或者存在网络覆盖盲区时，其应用场景得到进一步的扩展

图 2.78　D2D 技术优势

2.8.4　D2D 通信技术的本地业务应用

本地业务主要分析社交应用、本地数据传输、蜂窝网络流量卸载这三个方面，如图 2.79 所示。

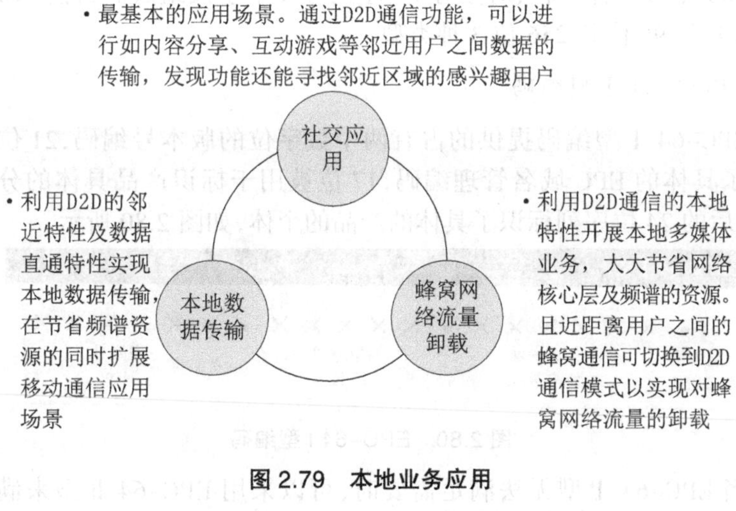
• 最基本的应用场景。通过D2D通信功能，可以进行如内容分享、互动游戏等邻近用户之间数据的传输，发现功能还能寻找邻近区域的感兴趣用户
社交应用
• 利用D2D的邻近特性及数据直通特性实现本地数据传输，在节省频谱资源的同时扩展移动通信应用场景
本地数据传输
蜂窝网络流量卸载
• 利用D2D通信的本地特性开展本地多媒体业务，大大节省网络核心层及频谱的资源。且近距离用户之间的蜂窝通信可切换到D2D通信模式以实现对蜂窝网络流量的卸载

图 2.79　本地业务应用

2.9 EPC 技术

EPC 的全称是 Electronic Product Code，中文称为产品电子代码。EPC 的载体是 RFID 标签，并借助互联网来实现信息的传递。EPC 网络研究总部设在麻省理工学院。随着物联网在我国成为关注的热点，EPC 得到了科技部、标准委等政府部门的高度重视。各相关行业、科研机构、应用企业纷纷开始研究 EPC 技术。

2.9.1 EPC 编码

EPC 的核心是编码，通过射频识别系统的读写器可以实现对 EPC 标签信息的读取。当 EPC 标签贴在物品上或内嵌在物品中的时候，该物品与 EPC 标签中的唯一编号就建立了一对一的对应关系。

EPC 的最大特点是可以实现单品识别，编码空间更大。通常条码系统只能表示某物品的产品类别和生产厂商信息，而 EPC 系统还可以表示物品的生产时间、生产地点以及产品编号等详细的信息。

EPC 编码体系是新一代的与条形码兼容的编码标准，它是全球统一标识系统的延伸和拓展，是全球统一标识系统的重要组成部分。

EPC 标签编码的通用结构是一个比特串（如一个二进制表示），由 EPC 标头、EPC 管理者、对象分类、序列号 4 个字段组成。目前，EPC 编码有 64 位、96 位和 256 位 3 种类型。

1.EPC-64 Ⅰ型编码

EPC-64 Ⅰ型编码提供的占有两个数字位的版本号编码，21 位被分配给了具体的 EPC 域名管理编码，17 位被用于标识产品具体的分类信息，最后的 24 位序列标识了具体的产品的个体，如图 2.80 所示。

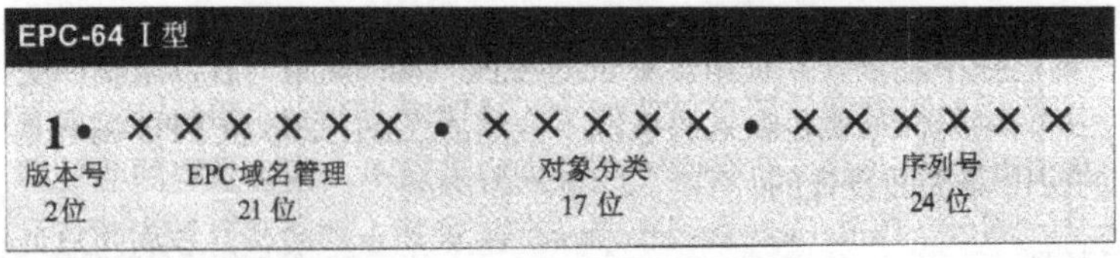
EPC-64 Ⅰ型
1• ×××××× • ×××××× • ××××××
版本号
2位
EPC域名管理
21 位
对象分类
17 位
序列号
24 位

图 2.80 EPC-64 Ⅰ型编码

当 EPC-64 Ⅰ型无法满足需要时，可以采用 EPC-64 Ⅱ型来满足大量产品和对价格反应敏感的消费品生产者的要求，如图 2.81 所示。

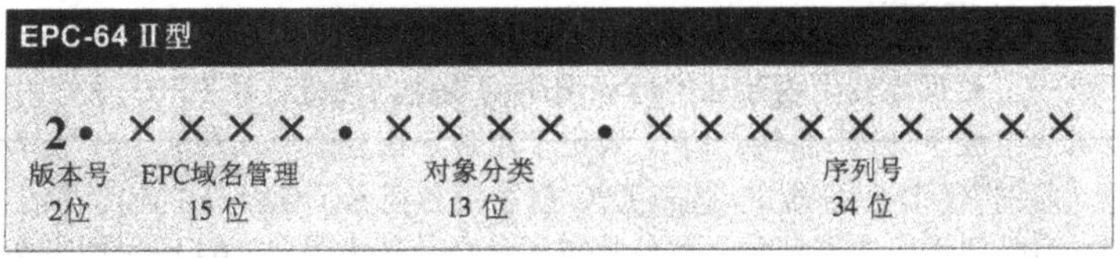
EPC-64 Ⅱ型
2• ×××× • ×××× • ××××××××××
版本号 2位
EPC域名管理 15 位
对象分类 13 位
序列号 34 位

图 2.81　EPC-64 Ⅱ型编码

2.EPC-96 Ⅰ型编码

EPC-96 Ⅰ型编码设计的目的是产生一个公开的物品标识代码。它的应用类似于目前的统一产品代码,具体的字段含义如图 2.82 所示。

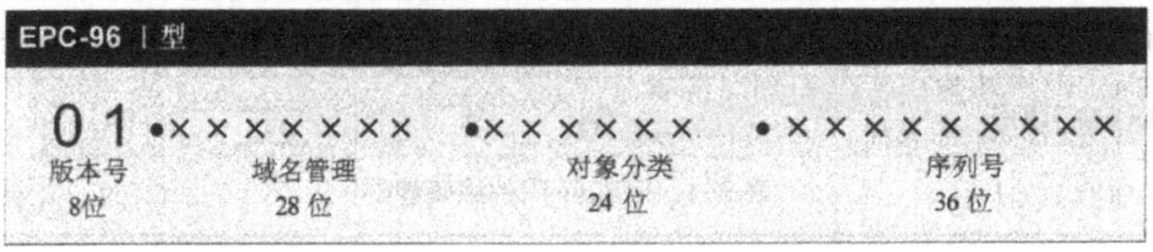
EPC-96 Ⅰ型
01 •××××××× •×××××× •×××××××××
版本号 8位
域名管理 28 位
对象分类 24 位
序列号 36 位

图 2.82　EPC-96 Ⅰ型编码

3.EPC-256 位编码

如图 2.83 所示为 256 位 EPC 编码的三种类型。多个版本则提供了这种可扩展性。256 编码又分为类型Ⅰ、类型Ⅱ和类型Ⅲ。EPC 的 256 位编码中,对于位分配中的域名管理、对象分类、序列号等分类都有所加长,以应对将来不同的具体应用要求。

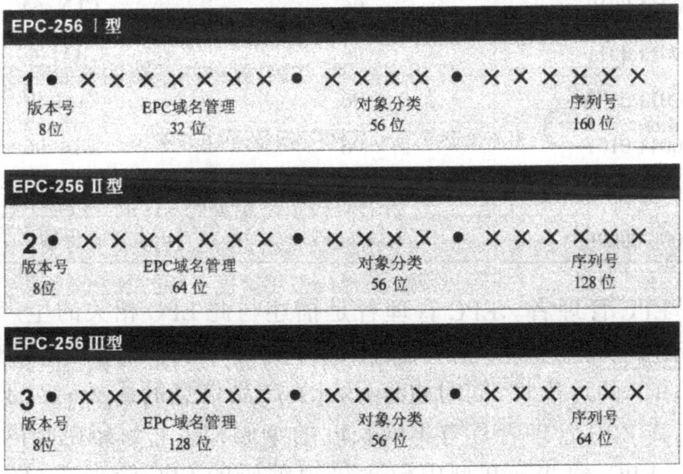
EPC-256 Ⅰ型
1• ××××××× • ×××× • ××××××
版本号 8位
EPC域名管理 32 位
对象分类 56 位
序列号 160 位
EPC-256 Ⅱ型
2• ××××××× • ×××× • ××××××
版本号 8位
EPC域名管理 64 位
对象分类 56 位
序列号 128 位
EPC-256 Ⅲ型
3• ×××××××× • ×××× • ××××××
版本号 8位
EPC域名管理 128 位
对象分类 56 位
序列号 64 位

图 2.83　EPC-256 编码的三种类型

(1)EPC 标头。标头标识 EPC 编码长度、识别类型和 EPC 结构,包括它的滤值(如果有的话)。当前,标头有 2 位和 8 位。2 位有 3 个可能值,8 位有 63 个可能值。标签长度可以通过检查标头最左边的头字段进行识别。标头编码见表 2.4。

表 2.4 EPC 中标头编码方案

标头值	标签长度	编码方案
01	64	64 位保留方案
10	64	SCITN-64
11	64	64 位保留方案
0000 0001	NA	1 个保留方案
0000 001x	NA	2 个保留方案
0000 01xx	NA	4 个保留方案
0000 1000	64	SSCC-64
0000 1001	64	GLN-64
0000 1010	64	GRAI-64
0000 1011	64	GLAI-64
0000 1100 ～ 0000 1111	64	4 个 64 位保留方案
0001 0000 ～ 0010 1111	NA	—
0011 0000	96	SGTIn-64
0011 0001	96	SSCC-64
0011 0010	96	GLN-64
0011 0011	96	GRAI-64
0011 0100	96	GIAI-96
0011 0101	96	GDI-96
0011 0110 ～ 0011 1111	96	10 个 64 位保留方案
0000 0000···		保留

（2）EPC 管理者。EPC 管理者是描述与此 EPC 相关的生产厂商的信息。EPC 管理者负责对相关对象的分类代码和序列号进行维护，由此来确保 ONS 的可靠性，同时也保证相关产品信息的维护。对于不同版本来说，其 EPC 管理者具有不同长度的编码，其中，编码越短的 EPC 比较少见。EPC-64 TypeB 型中包含最短编码的 EPC 管理者，有 15 位编码。要想用该版本的 EPC 表示，其 EPC 管理者编码个数必须不能超过 2^{15}=32768。

（3）对象分类号。对象分类号记录产品精确类型信息和标识厂家产品种类。

（4）序列号。序列号唯一标识货物，它可以精确指出某一件产品。

对于每一个标签长度尽可能有较少的引导头。这个引导头是为了RFID 读写器可以很容易确定标签长度。

为了保证所有物品都有唯一 EPC，并使标签成本尽可能降低，建议采用 96 位（8 位标头，28 位 EPC 管理者字段，24 位对象分类字段，36 位序列号字段），这样它可以为 2.68 亿个公司提供唯一的标识（远远超出 EAN-13 容纳的 100 万个制造商）。

2.9.2　EPC 物联网

EPC 物联网是由自动识别技术研发的基于互联网的通信网络，该基础设施能在全球范围实时进行任何物件的识别。

产品电子码（EPC）在 EPC 物联网中占有十分重要的地位。EPC 系统中 EPC 信息的传送的大致过程如下，通过 RFID 系统向本地网络传输 EPC，经本地网络处理后，由 Internet 发出物品的 PML 信息。下面对 EPC 信息的传送过程进行具体介绍。

（1）当阅读器检测到物品上的 EPC 电子标签时，会以电磁波的形式向 EPC 电子标签发出相应的指令。

（2）在阅读器获得标签的 EPC 后，将其传递给本地网络层中的中间件（AAVANT），信息过滤后，提交至企业应用程序来处理。

（3）应用软件在得到 URI 地址后，自动连接至互联网上相应的 EPC Global 网络服务（EPC Information Services，EPCIS）服务器，此时，人们便可以查询到与物品相关的一切信息了。

读 / 写器发送电磁波为 RFID 标签提供电源，使其能够将存储在微型晶片上的数据传回。自动识别产品技术中心利用 Savant 的软件技术进行数据管理。当 Savant 接收到装货站或商店货架上的读写器发出的产品电子代码后，该代码进入公司局域网或互联网上的 ONS，检索与该 EPC 相关的产品。ONS 是类似于互联网的 DNS，作用是把 Savant 引入存储该产品信息的企业数据库。每个产品的部分数据将用一种新的 PML 存储，这种语言基于流行的 XML。

在由 EPC 标签、读 / 写器、Savant 服务器、互联网、ONS 服务器、PML 服务器及众多数据库组成的 EPC 物联网中，读写器读出的 EPC 只是一个信息参考，该信息经过网络，传到 ONS 服务器，找到该 EPC 对应的 IP 地址并获取信息。用分布式 Savant 软件系统处理由读写器读取的 EPC 信息，

Savant 将 EPC 传给 ONS，ONS 指示 Savant 到 PML 服务器查找，该文件可由 Savant 复制，因而文件中的产品信息就能传到供应链上。

与条码相比，EPC 确立了适用于每种单品的全球性的开放标识标准，成功地解决了单品识别问题。将以 EPC 技术为主的自动识别系统应用于产品生产、仓储、运输、销售到消费等过程中，并对整个过程进行实时监测，从根本上改变了制造、销售、购买产品的过程，从而实现整个供应链体系的自动化。

第3章　物联网的WSN

随着无线通信、集成电路、传感器以及微机电系统(Micro-Electro-Mechanical Systerm, MEMS)等技术的飞速发展和日益成熟,低成本、低功耗、多功能的微型传感器的大量生产成为可能。这些传感器在微小体积内通常集成了信息采集、数据处理和无线通信等多种功能。如今,无线传感器网络的应用已经扩展到环境监测、交通管理、医疗健康、工商服务、反恐抗灾等诸多领域。

3.1　WSN概述

无线传感器网络(Wireless Sensor Networks, WSN)是由部署在监测区域内大量的微型传感器节点通过无线电通信形成的一个多跳的自组织网络系统,其目的是协作地感知、采集和处理网络覆盖区域里被监测对象的信息,并发送给观察者。

3.1.1　无线传感网络的组成、特征及面临的挑战

无线传感器网络由无线传感器节点、网关节点(Sink节点)、传输网络和远程监控中心4个基本部分组成,其组成结构如图3.1所示。

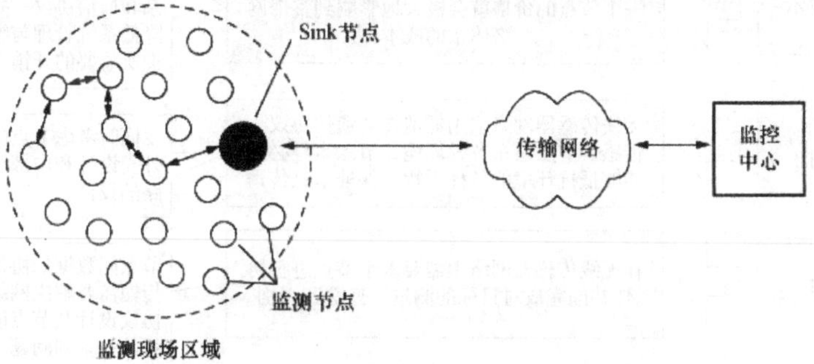
Sink节点
传输网络
监控
中心
监测节点
监测现场区域

图3.1　无线传感器网络的基本组成部分

与目前各种现有网络相比，无线传感器网络具有以下显著特点，如图 3.2 所示。

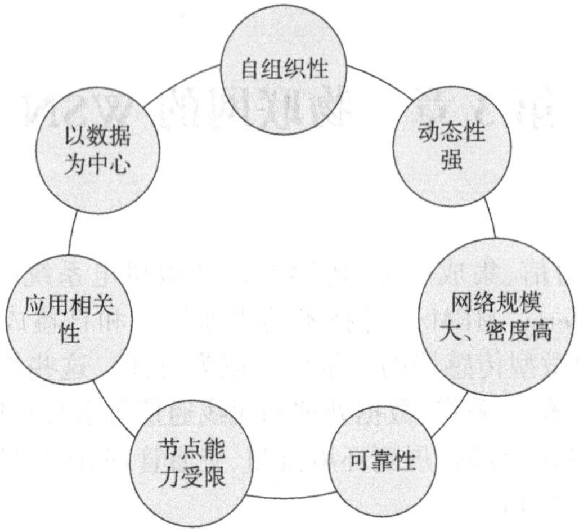
自组织性
动态性强
网络规模大、密度高
可靠性
节点能力受限
应用相关性
以数据为中心

图 3.2　无线传感器网络的特点

无线传感器网络的一些特点是传统网络所没有的，我们在设计和构建这种新型网络时，还有许多未知领域去探索。这种新型网络的发展必定会面临很多挑战和亟须解决的问题（图 3.3）。

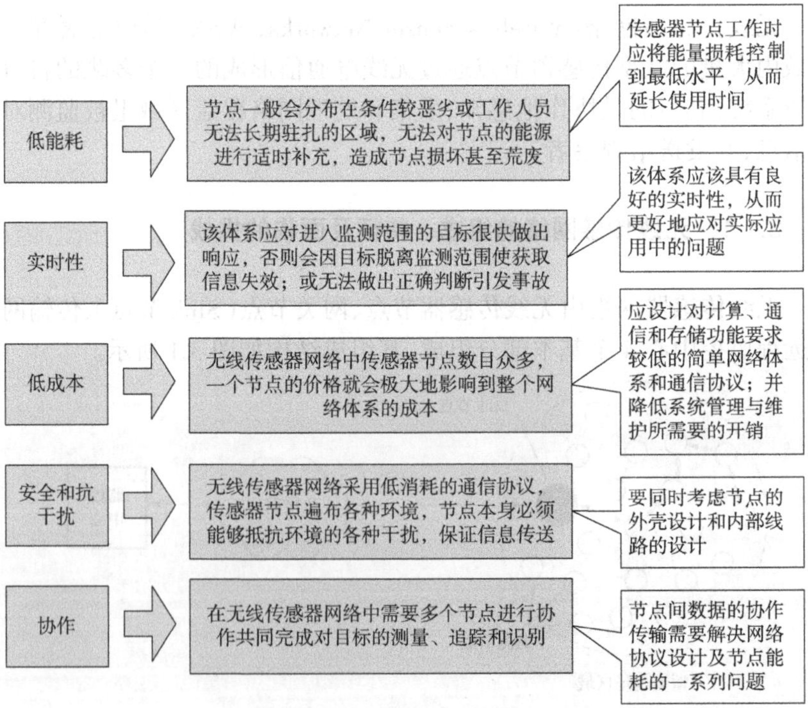
低能耗
节点一般会分布在条件较恶劣或工作人员无法长期驻扎的区域，无法对节点的能源进行适时补充，造成节点损坏甚至荒废
传感器节点工作时应将能量损耗控制到最低水平，从而延长使用时间
实时性
该体系应对进入监测范围的目标很快做出响应，否则会因目标脱离监测范围使获取信息失效；或无法做出正确判断引发事故
该体系应该具有良好的实时性，从而更好地应对实际应用中的问题
低成本
无线传感器网络中传感器节点数目众多，一个节点的价格就会极大地影响到整个网络体系的成本
应设计对计算、通信和存储功能要求较低的简单网络体系和通信协议；并降低系统管理与维护所需要的开销
安全和抗干扰
无线传感器网络采用低消耗的通信协议，传感器节点遍布各种环境，节点本身必须能够抵抗环境的各种干扰，保证信息传送
要同时考虑节点的外壳设计和内部线路的设计
协作
在无线传感器网络中需要多个节点进行协作共同完成对目标的测量、追踪和识别
节点间数据的协作传输需要解决网络协议设计及节点能耗的一系列问题

图 3.3　无线传感器网络所面临的挑战

3.1.2 无线传感器的应用实践

无线传感器网络的传感及无线联通特性,使其应用领域非常广泛,它特别适合应用在人无法直接监测的及恶劣的环境中,在军事、环境、医疗保健、空间探索、商业应用、城市智能交通和精准农业等多个领域,并在某些领域已经取得了极大的成功。

1. 军事领域

由于无线传感器拥有无须假设网络设施、快速展开、抗毁性强等特点,这些特性使得无线传感器特别适应于复杂的战场环境。

无线传感器可以为火控和制导系统提供准确的目标定位信息,传感器节点可作为智慧型武器的引导器,与雷达、卫星等相互配合,利用自身接近环境的特点,可避免盲区,使武器的使用效果大幅度提升。

如美军用于探测低空飞行器的分布式业务网络(Distributed Service Network, DSN)系统;用于对付狙击手的枪声定位系统:用于对电磁信号进行侦察与干扰的狼群(wolfpack)系统(图3.4)等。

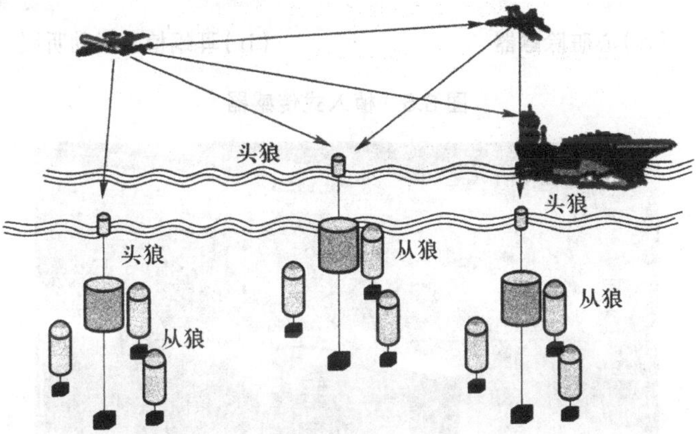
头狼
头狼
头狼
从狼
从狼
从狼
图3.4 美国的狼群系统

2. 环境观测和预报领域

随着人们对于环境的日益关注,环境科学所涉及的范围越来越广泛。采用传统的方式进行数据采集是比较困难的,而无线传感器网络为野外数据采集提供了极大的方便,如跟踪鸟类的迁徙,检测空气中二氧化碳的含量,预报森林火灾等。此外,无线传感器还能够描述生态的多样性,从而实现对动物的栖息的生态监测。

3. 医疗健康与监护领域

无线传感器网络在医疗与健康护理方面也有应用，如在病人身上安装医用传感器节点就可以随时测量血压和心率，利用传感器网络，医生能够及时地掌握病人的信息，同时传感器网络还可以收集人的生理数据，有助于新药的研制。

植入式传感器(图 3.5)可应用于监视病人活动的心脏起搏器。此外，研究人员开发出了基于多个加速度传感器的无线传感器网络系统，用于进行人体行为模式监测，如坐、站、躺、行走、跌倒、喝水等(图 3.6)。

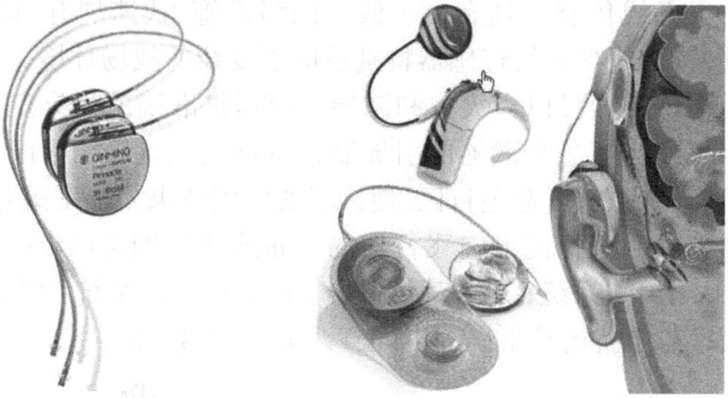

(a)心脏除颤器　　(b)耳蜗植入式助听器

图 3.5　植入式传感器

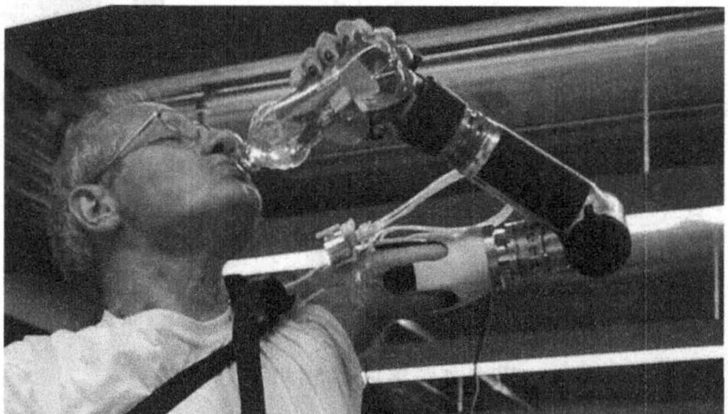

图 3.6　基于无线传感器网络技术的人体行为监测系统

4. 工业领域

无线传感器网络可用于工业领域中的危险环境。在煤矿、石化、冶金行业，无线传感器网络把部分操作人员从高危环境中解脱出来的同时，使其在井下安全生产的诸多环节得到更高的安全保障，也可为矿难发生后的搜救工作提供更多的便利。一个简单的基于无线传感器网络的工业监控系统如图 3.7 所示。

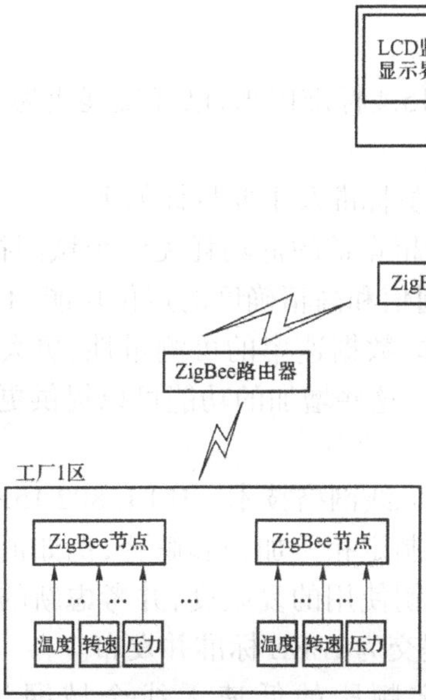
LCD监控
显示界面
最小系统
ARM
UART
ZigBee协调器
ZigBee路由器
ZigBee路由器
工厂1区
工厂n区
ZigBee节点
ZigBee节点
ZigBee节点
ZigBee节点
温度
转速
压力
温度
转速
压力
温度
转速
压力
温度
转速
压力

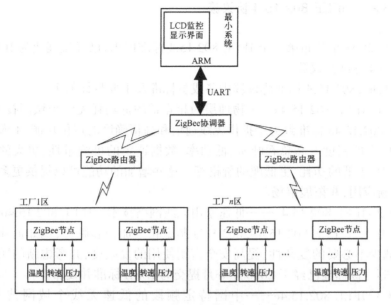

图 3.7 基于无线传感器网络的工业监控系统

5. 空间探索领域

无线传感器网络技术在空间探索方面有着巨大的应用。人类对外太空的探索永不停息,依靠航天器布撒的传感器网络节点可实现对星球表面的长期监控,这是一种经济有效的方法。美国国家航空航天局的喷气推进实验室研制的 Sensor Webs 项目就是为将来进行外星探测做准备。目前该系统已经处于测试与完善阶段。

3.2 IEEE 802.15.4 标准

IEEE 802.15.4 工作组于 2000 年 12 月成立。IEEE 802.15.4 规范是一种经济、高效、低数据速率(低于 250Kbit/s)、工作在 2.4GHz 的无线技术(欧洲 868MHz,美国 915MHz),用于个域网和对等网状网络。支持传感器、远端控制和家用自动化等,不适合传输语音,通常连接距离小于 100m。802.15.4 不仅是 ZigBee 应用层和网络层协议的基础,也为无线 HART、ISA100、WIA-PA 等工业无线技术提供了物理层和 MAC 层协议。同时 IEEE 802.15.4 还是传感器网络使用的主要通信协议规范。

3.2.1 IEEE 802.15.4 协议簇

自 2003 年公布第一个 IEEE 802.15.4 标准以来,已经发展成为 IEEE 802.15.4 标准协议簇。

目前,802.15.4 标准协议簇中各成员标准及主要目标如下。

(1)IEEE 802.15.4a——物理层为超宽带的低功耗无线个域网技术。IEEE 802.15.4a 标准致力于提供无线通信和高精确度的定位功能(1 米或 1 米以内的精度)、高总吞吐量、低功率、数据速率的可测量性、更大的传输范围、更低的功耗、更低廉的价格等。这些增加的功能可以提供更多重要的新应用,并拓展市场。

(2)IEEE 802.15.4b——低速家用无线网络技术。IEEE 802.15.4b 标准致力于为 IEEE 802.15.4-2003 标准制定相关加强和解释,例如消除歧义、减少不必要的复杂性、提高安全密钥使用的复杂度,并考虑新的频率分配等。该标准已经于 2006 年 6 月提交为 IEEE 标准并发布。

(3)IEEE 802.15.4c——中国特定频段的低速无线个域网技术。IEEE 802.15.4c 标准致力于对 IEEE 802.15.4-2006 物理层进行修订,发表后将添加进 802.15.4™-2006 标准和 IEEE 802.15.4a™-2007 标准修正案。这一物理层修订案是针对中国已经开放使用的无线个域网频段 314 ~ 316MHz、430 ~ 434MHz 和 779 ~ 787MHz。IEEE 802.15.4c 确定了 779 ~ 787MHz 频带在 IEEE 802.15.4 标准的应用及实施方案。与此同时,IEEE 802.15.4c 还与中国无线个人局域网标准组织达成协议,双方都将采纳多进制相移键控(MPSK)和交错正交相移键控(O-QPSK)技术作为共存、可相互替代的两种物理层方案。目前,IEEE 802.15.4c 标准已于 2009 年 3 月 19 日被 IEEE.SA 标准委员会批准,正式成为 IEEE 802.15.4 标准簇的新成员。

(4)IEEE 802.15.4d——日本特定频段的低速无线个域网技术。IEEE 802.15.4d 标准致力于定义一个新的物理层和对 MAC 层的必要修改以支持在日本新分配的频率(950 ~ 956MHz)。该修正案应完全符合日本政府条例所述的新的技术条件,并同时要求与相应频段中的无源标签系统并存。

(5)IEEE 802.15.4e——MAC 层增强的低速无线个域网技术。IEEE 802.15.4e 标准是 IEEE 802.15.4-2006 标准的 MAC 层修正案,目的是提高和增加 IEEE 802.15.4-2006 的 MAC 层功能,以便更好地支持工业应用以及与中国无线个域网标准(WPAN)兼容,包括加强对 Wireless HART

和 ISA100 的支持。

（6）IEEE 802.15.4f——主动式 RFID 系统网络技术。IEEE 802.15.4f 标准致力于为主动式射频标签 RFID 系统的双向通信和定位等应用定义新的无线物理层，同时也对 IEEE 802.15.4-2006 标准的 MAC 层进行增强以使其支持该物理层。该标准为主动式 RFID 和传感器应用提供一个低成本、低功耗、灵活、高可靠性的通信方法和空中接口协议等，将为在混合网络中的主动式 RFID 标签和传感器提供有效的、自治的通信方式。

（7）IEEE 802.15.4g——无线智能基础设施网络技术。IEEE 802.15.4g 是智能基础设施网络（Smart Utility Networks，SUN）技术标准，该标准致力于建立 IEEE 802.15.4 物理层的修正案，提供一个全球标准以满足超大范围的过程控制应用需求。例如可以使用最少的基础建设以及潜在的许多固定无线终端建立一个大范围、多地区的公共智能电网。

（8）IEEE 802.15.4k 标准。IEEE 802.15.4k 标准致力于制定低功耗关键设备监控网络（LECIM）。主要应用于大范围内的关键设备，如电力设备、远程抄表等的低功耗监控。为了减少基础设施的投入，IEEE 802.15.4k 工作组选择了星形网络作为拓扑结构。每个 LECIM 网络由 1 个基础设施和大量的低功耗监控节点（大于 1000 个）构成。IEEE 802.15.4k 标准目前已经发布，物理层采用了分片技术以降低能耗，而在 MAC 层大量采用了 IEEE 802.15.4e 的 MAC 层机制，并进行了相应的修改。

3.2.2　IEEE 802.15.4 标准

IEEE 802.15.4 应用系统采用基于竞争的接入方式，但个域网（PAN）协调器可以通过超帧结构为需要发送即时消息的设备提供时隙。整个网络可以通过 PAN 协调器接入其他高性能网络。IEEE 802.15.4 标准也采用了满足国际标准组织（ISO）开放系统互连（OSI）参考模型的分层结构，定义了单一的 MAC 层和多样的物理层，如图 3.8 所示。

3.2.3　IEEE 802.15.4 网络拓扑结构

在 IEEE 802.15.4 LR-WPAN 网络中，无线设备按照功能分为全功能设备（FFD）和简化功能设备（RFD）两种类型。FFD 设备可以与多个 RFD 设备和其他的 FFD 设备通信，因此需要较多的计算资源、存储空间和电能。而 RFD 设备只需要与特定的 FFD 设备进行特定的信息交互，因此可以采用低成本设备实现。

ZigBee Profiles	
网络应用层	
数据链路层	
IEEE802.15.4 LLC	802.2LLC
IEEE 802.15.4 MAC	
868/915 PHY	2400 PHY

图 3.8　IEEE 802.15.4 协议架构

IEEE 802.15.4 网络中的节点分为 3 种角色：PAN 协调器（PAN Coordinator）、协调器（Coordinator）和终端设备。如图 3.9 所示，一个 IEEE 802.15.4 网络由唯一的 PAN 协调器、多个协调器（0 ～ 4 个）和一定数量的终端节点构成。每个设备由全球唯一的 64 位扩展地址进行标识，在加入 PAN 网络之后，设备通过协调器可以获得一个 16 位的短地址。在 PAN 协调器建立一个 PAN 之后，通过该协调器加入 PAN 的节点同时获得一个 16 位的 PANID。通过 PANID+ShortAddress 的方式可以对网络中的设备进行寻址。

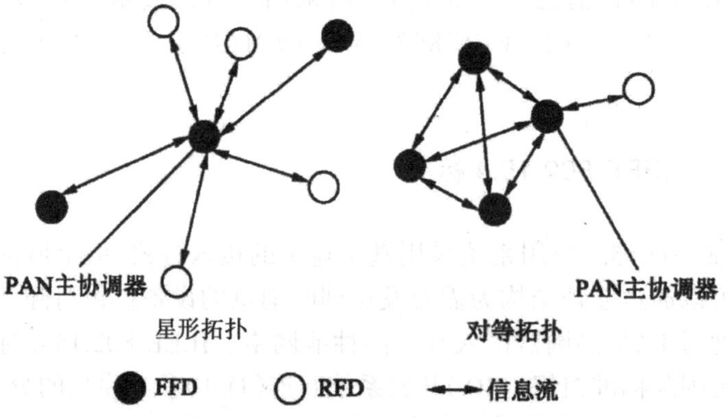
PAN主协调器
星形拓扑
PAN主协调器
对等拓扑
FFD
RFD
信息流

图 3.9　IEEE 802.15.4 网络拓扑

IEEE 802.15.4 网络支持星形拓扑和对等拓扑。采用星形拓扑结构的 PAN 中，设备只能与 PAN 协调器进行直接通信。在对等的拓扑网络结构中，任何一个设备只要是在它的通信范围之内，就可以和其他设备进行通信，因此能构成较为复杂的网络结构，例如 MESH 结构。对等网络的路由协议可以基于 Ad-Hoc 技术，通过多个中间设备中继的方式进行传输，即通常称为多跳的传输方式，以增大网络的覆盖范围。作为一种特例可以构成一种如图 3.10 所示的簇树结构。

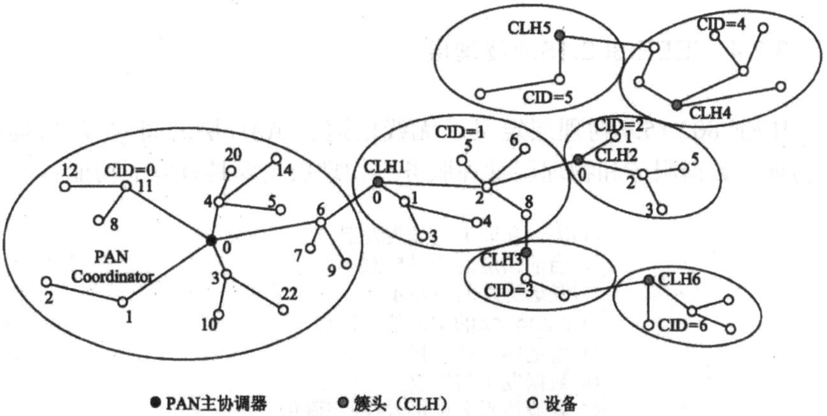
CLH5
CID=5
CID=4
CLH4
CID=1
CID=2
CLH1
CLH2
12
CID=0
11
20
14
8
4
5
6
PAN
Coordinator
0
7
9
3
2
1
22
10
CLH3
CID=3
CLH6
CID=6
● PAN主协调器
● 簇头（CLH）
○ 设备

图 3.10　IEEE 802.15.4 簇树拓扑结构

在建立一个簇树时，PAN 协调器将自身设置成簇标识符（Cluster Identifier，CID）为 0 的簇头（Cluster Head），同时选择一个没有使用的 PAN 标识符，并广播信标帧。接收到信标帧的候选设备可以再请求加入该网络，如果加入成功，那么 PAN 协调器会将该设备作为子节点加到它的邻居表中。同时，请求加入的设备将 PAN 主协调器作为它的父节点加到邻居表中，成为该网络的一个从设备。第一簇网络满足预定的应用或网络需求时，PAN 主协调器将会指定一个从设备为另一簇新网络的簇头，随后其他的从设备将逐个加入，最终形成一个多簇网络。

IEEE 802.15.4 的协议层次结构如图 3.11 所示，该标准定义了低速无线个域网络的物理层和 MAC 层协议。

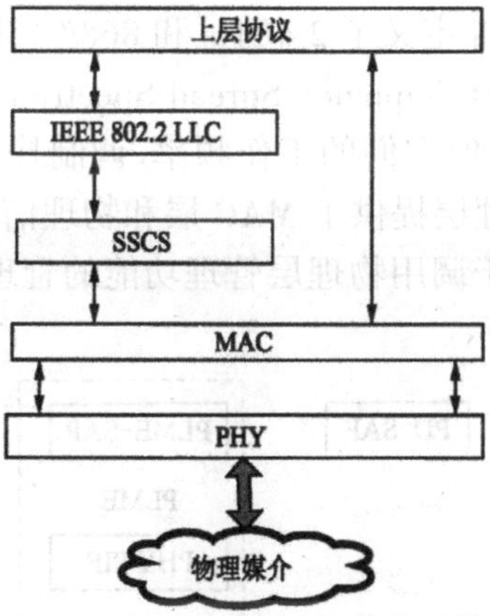
上层协议
IEEE 802.2 LLC
SSCS
MAC
PHY
物理媒介

图 3.11　IEEE 802.15.4 协议层次图

3.2.4 IEEE 802.15.4 物理层

IEEE 802.15.4 物理层定义了无线信道和 MAC 层之间的接口，提供了物理层数据服务和物理层管理服务。物理层主要具有以下功能：

(1)激活和取消无线收发器
(2)当前信道的能量检测
(3)发送链路质量指示
(4)CSMA/CA的空闲信道评估
(5)信道频率的选择
(6)数据发送与接收
(7)载波侦听多址接入/冲突避免

IEEE 802.15.4 标准所定义的物理层的工作频段、传输速率及调制方式见表 3.1 所示。

表 3.1 IEEE 802.15.4 的工作频段、传输速率及调制方式

频段 /MHz	扩频参数		数据传输		
	码片速率 /（c/s）	调制方式	比特率 /（b/s）	波特率 / Bd	编码进制
868 ~ 868.6	300	BPSK	20	20	二进制
902 ~ 928	600	BPSK	40	40	二进制
2400 ~ 2483.3	2000	O-QPSK	250	62.5	十六进制

IEEE 802.15.4 标准定义了 2.4GHz 和 868/915MHz 两个物理层标准，均采用了 DSSS（Direct Sequence Spread Spectrum，直接序列扩频）技术及相同的数据包格式，但它们的工作频率、调制技术、扩频码片长度和传输速率有所不同。物理层提供了 MAC 层和物理信道之间的接口，物理层的管理实体提供了用于调用物理层管理功能的管理服务接口。物理层的参考模型如图 3.12 所示。

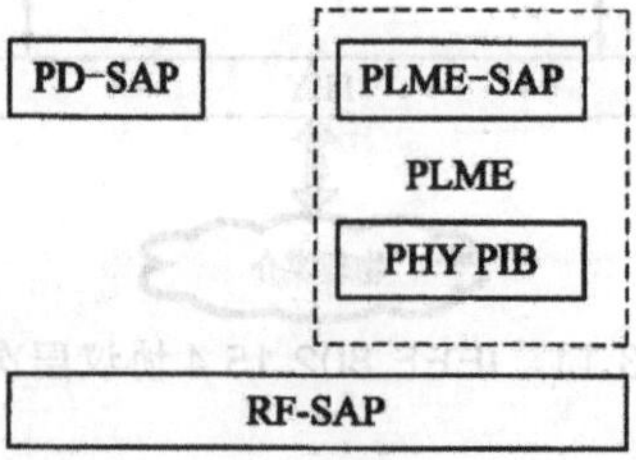
PD-SAP
PLME-SAP
PLME
PHY PIB
RF-SAP

图 3.12 物理层参考模型

物理层提供了物理层数据服务和物理层管理服务。物理层数据服务在无线信道上收发数据,通过 PD-SAP 实现对等 MAC 层实体间的 MPDU(MAC Protocol Data Unit)传输。物理层管理服务用于维护物理层相关数据组成的数据库,通过 PLME-SAP 在 MLME(MAC Layer Management Entity, MLME)和管理实体 PLME 之间传输管理命令。

3.3 IEEE 802.15.4 MAC 层协议

3.3.1 MAC 层的主要功能

IEEE 802.15.4 MAC 层提供了 MAC 层数据服务和 MAC 层数据管理两种服务。这两种服务为网络层和物理层提供了一个接口。MAC 层数据服务提供了数据通信功能,MPDU 的接收和发送可通过物理层来进行。MAC 层数据管理服务提供了向高层访问的功能,通过 MLME 的 SAP 来访问高层。

IEEE 802.15.4 主要完成联合、分离、确认帧传送、信道访问机制、帧确认、时隙管理和信令管理等功能。MAC 层在物理层进行访问时,主要完成以下功能:

(1)如果设备是协调器,那么就需要产生网络信标。

(2)信标的同步。

(3)支持个域网络的关联和去关联。

(4)支持设备安全规范。

(5)执行信道接入的 CSMA-CA 机制。

(6)处理和维护 GTS 机制。

(7)提供等 MAC 实体间的可靠连接。

3.3.2 MAC 层服务模型

MAC 子层提供两个服务与高层联系,即通过两个服务访问点(SAP)访问高层。通过 MAC 通用部分子层 SAP(MCPS-SAP, MAC Common Part Sublayer-SAP)访问 MAC 数据服务,用 MAC 层管理实体 SAP(MLME-SAP)访问 MAC 管理服务。这两个服务为网络层和物理层提供了一个接口。除这些外部接口之外, MLME 和 MCPS 之间也有一个内部接口,允许 MLME 使用 MAC 数据服务。灵活的 MAC 帧结构适应了不同的应用及网络拓扑的需要,同时保证了协议的简洁。图 3.13 描述了 MAC 子层的组成及接口模型。

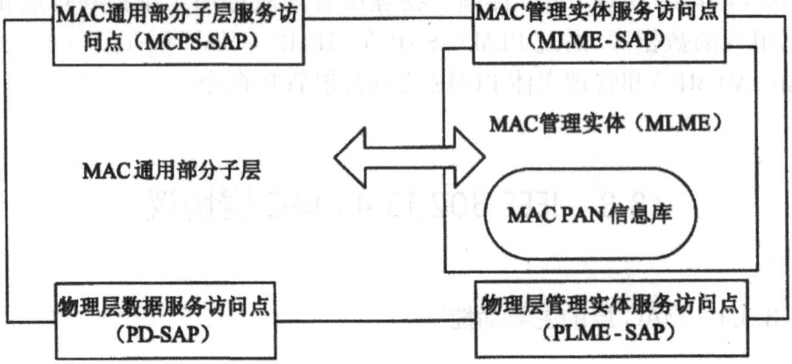
MAC通用部分子层服务访问点（MCPS-SAP）
MAC管理实体服务访问点（MLME-SAP）
MAC管理实体（MLME）
MAC通用部分子层
MAC PAN 信息库
物理层数据服务访问点（PD-SAP）
物理层管理实体服务访问点（PLME-SAP）

图 3.13　MAC 层参考模型

MAC 层的管理服务功能主要包括:

(1)通过关联原语定义一个设备关联到一个 PAN 的过程。

(2)通过解关联原语定义一个设备从一个 PAN 中解关联的过程。解关联过程既可以由关联设备启动,也可以由协调器启动。

(3)通过孤立通知原语定义协调器如何向一个落孤的设备发出通知。

(4)通过信道扫描原语定义如何判断通信信道是否正在传输信号,或是否存在 PAN。

3.4　IEEE 802.15.4 帧结构

3.4.1　物理层帧结构

IEEE 802.15.4 物理层由 4 个字段组成,其帧结构如图 3.14 所示。

4字节	1字节	1字节		可变长度
前导码	SFD	帧长7bit	保留1bit	PSDU
同步头		物理帧头		PHY负载

图 3.14　物理层帧结构

第一个字段由 4 个字节组成前导码,前导码由 32 个“0”组成,用于收发器的通信同步。

第二个字段为帧的起始分割字段,由 1 个字节组成,其固定为 0xA7,

作为帧开始的标志。

第三个字段为帧长度字段，由 1 个字节组成，字节的低 7 位表示帧的长度，其余 1 位保留，帧的长度表示帧的负载长度，一般不超过 127 个字节。

第四个字段为数据字段，它的长度可变，主要用来承载 MAC 帧。

帧起始分割符 SFD（Start-of-Frame Delimiter）的长度为 8bit，表示同步结束后数据包开始传输。SFD 与前导码构成同步头。帧长度（7bit）表示物理数据单元 PSDU（PHY Service Data Unit）的字节数。PSDU 域是可变长度的，它携带了 PHY 数据包的数据。

3.4.2　MAC 层的帧结构

MAC 层被送到 PHY 层作为物理层数据帧的一部分。MAC 帧由以下三个基本部分构成：

（1）帧头（MAC Header，MHR）：包括帧控制、序列号和地址信息。

（2）可变 MAC 负载：包括对应帧类型的信息。长度可变，具体长度由帧的类型来确定。

（3）帧尾（MAC Footer，MFR）：包括 FCS，是帧头和负载数据的 16 位错误检测码序列。通用 MAC 帧的结构如图 3.15 所示。

<table>
<tr><td>2字节</td><td>1字节</td><td>2字节</td><td></td><td>2字节</td><td></td><td>可变</td><td>2字节</td></tr>
<tr><td rowspan="2">帧控制</td><td rowspan="2">帧序列号</td><td>目标PAN标识</td><td>目标地址</td><td>源PAN标识</td><td>源地址</td><td rowspan="2">帧负载</td><td>FCS</td></tr>
<tr><td colspan="3">地址域</td><td></td><td></td></tr>
<tr><td colspan="6">MHR</td><td>MAC负载</td><td>MFR</td></tr>
</table>

图 3.15　通用 MAC 帧结构

帧控制域占用 2 字节长度，包含帧类型定义、寻址域以及其他控制标志等；帧序列号域长度为 1 字节，用来为每个帧提供唯一的序列标识；目标 PAN 标识域占 2 字节，内容是指定接收方的唯一 PAN 标识；目标地址域用来指定接收方的地址；源 PAN 标识域占用 2 字节，即数据发送端地址域，是发送帧的设备地址；帧负载域长度可变，不同的帧类型其内容也不相同；帧检验序列域有 16 位长，包含一个 16 位的 CRC 循环冗余校验部分。

IEEE 802.15.4 的帧结构是以保证在有噪声的信道中可靠传输数据的基础上尽量降低网络的复杂度为原则而设计的。IEEE 802.15.4 的 MAC 层定义了 4 种基本帧：①信标帧：供协商者使用；②数据帧：用来承载数据；③响应帧：用来确认帧的可靠传输；④命令帧：用来处理

MAC 层对等实体间的数据传输控制。

1. 信标帧

信标帧(beacon)的同步头(Synchronization Header, SHR)包括前导码序列和帧开始分割符,完成接收设备的同步并锁定码流。物理层头(PHY Header, PHR)包括物理层负载的长度。信标帧的负载数据单元由4部分组成:超帧描述字段、保护时隙(Guaranteed Time Slot, GTS)分配字段、等待发送数据目标地址字段和信标帧负载数据,如图 3.16 所示。

2字节	1字节	4/10	2字节	变长	可变	可变	2字节
帧控制	帧序列号	寻址域	超帧规范描述	GTS	待转发数据目标地址	信标帧负载	FCS
MHR			MAC负载				MFR

图 3.16　信标帧结构

每部分的功能如图 3.17 所示。

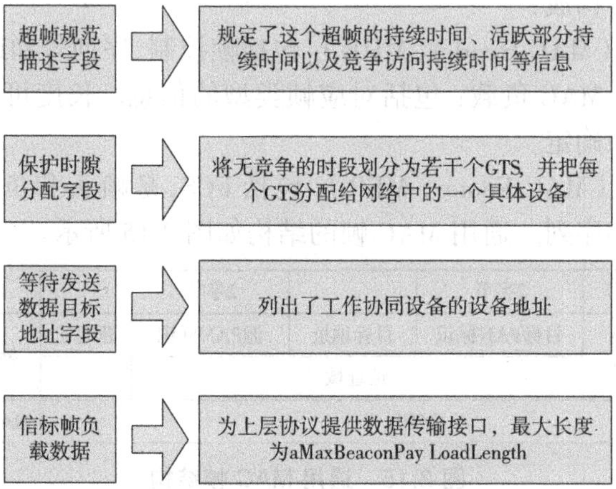
超帧规范描述字段
规定了这个超帧的持续时间、活跃部分持续时间以及竞争访问持续时间等信息
保护时隙分配字段
将无竞争的时段划分为若干个GTS,并把每个GTS分配给网络中的一个具体设备
等待发送数据目标地址字段
列出了工作协同设备的设备地址
信标帧负载数据
为上层协议提供数据传输接口，最大长度为aMaxBeaconPay LoadLength

图 3.17　信标帧负载数据单元各部分的功能

2. 数据帧

数据帧用来传输上层发送到 MAC 层的数据,数据帧的负载字段包括了上层需要传送的数据。数据帧的结构如图 3.18 所示。

2字节	1字节	4/10	变长	2字节
帧控制	帧序列号	寻址域	数据负载	FCS
MHR			MAC负载	MFR

图 3.18　数据帧结构

3. 确认帧

如果节点设备收到的目的地址为自己的数据帧，并且帧的控制信息字段的确认请求被置 1，那么此时节点设备需要回复一个确认帧。确认帧的序列号应与被确认帧的序列号相同，并且负载长度应为 0。确认帧紧接着被确认的帧发送，不需要采用 CSMA-CA 机制竞争信道。确认帧的结构如图 3.19 所示。

2字节	1字节	2字节
帧控制	帧序列号	FCS
MHR		MFR

图 3.19　确认帧结构

4. 命令帧

MAC 命令帧用于组建 PAN 网络、传输同步数据等。命令帧的具体功能由帧的负载数据表示。负载数据是一个变长结构，所有命令帧负载的第一个字节是命令类型字节，后面的数据针对不同的命令类型有不同的含义，如图 3.20 所示。

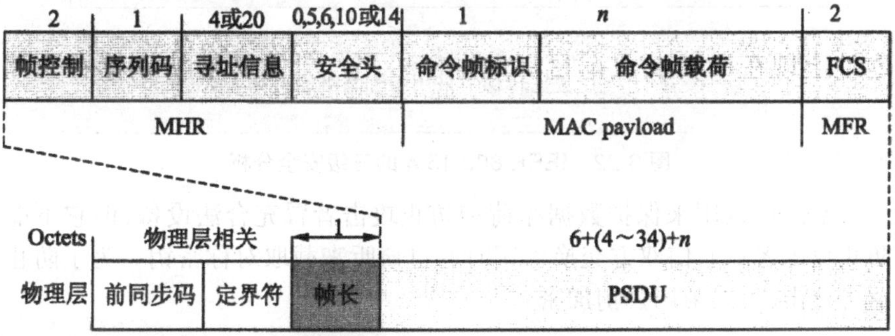
2
1
4或20
0,5,6,10或14
1
n
2
帧控制
序列码
寻址信息
安全头
命令帧标识
命令帧载荷
FCS
MHR
MAC payload
MFR
1
Octets
物理层相关
6+(4～34)+n
物理层
前同步码
定界符
帧长
PSDU

图 3.20　命令帧的格式

3.4.3　超帧结构

在低速率应用时，无线个域网允许使用超帧结构。超帧的格式由传感器网络的协调器定义，每个超帧都以网络协调器发出信标帧为起始，在这个信标帧中包含了超帧将持续的时间以及对这段时间的分配等信息。超帧被分为 16 个大小相等的时隙，由协调器发送，如图 3.21 所示。采用网络信标来分隔不同的超帧，信标帧在超帧的第一个时隙传输。

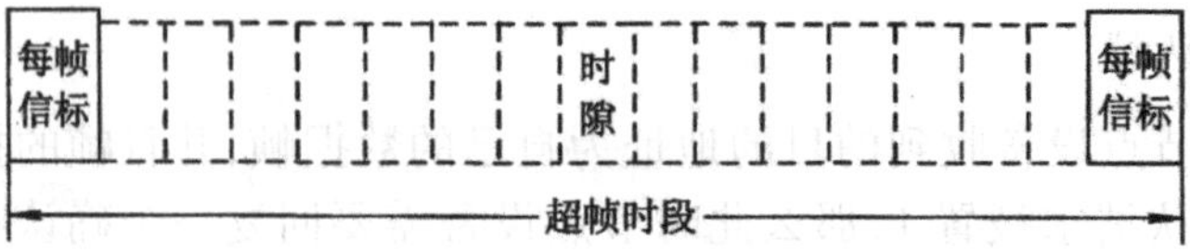
每帧
信标
时
隙
每帧
信标
超帧时段

图 3.21　超帧结构

3.5　IEEE 802.15.4 安全分析

安全性是 IEEE 802.15.4 的另一个重要问题。为了提供灵活性和支持简单设备，IEEE 802.15.4 在数据传输中提供了三级安全性（图 3.22）。

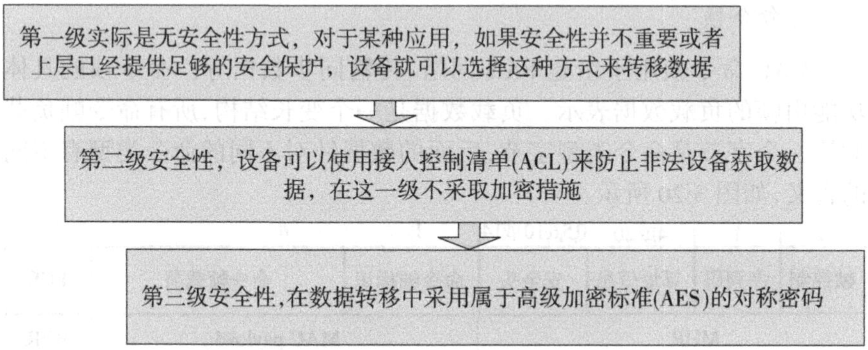
第一级实际是无安全性方式，对于某种应用，如果安全性并不重要或者上层已经提供足够的安全保护，设备就可以选择这种方式来转移数据
第二级安全性，设备可以使用接入控制清单(ACL)来防止非法设备获取数据，在这一级不采取加密措施
第三级安全性，在数据转移中采用属于高级加密标准(AES)的对称密码

图 3.22　IEEE 802.15.4 的三级安全分析

AES 可以用来保护数据净荷和防止攻击者冒充合法设备，但它不能防止攻击者在通信双方交换密钥时通过窃听来截取对称密钥。为了防止这种攻击，可以采用公钥加密。

第4章　云计算与大数据

云计算是一种商业计算模型，它将计算机任务分布在大量计算机构成的资源池上，使各种应用能够根据需要获取计算力、存储空间和信息服务。目前很多公司如Google、Amazon、IBM、Microsoft和Yahoo等都有自己的云解决方案和产品。云计算几乎成为IT行业巨头的主要发展战略之一。

云计算的蓬勃发展开启了大数据时代的大门。大数据作为一种重要的战略资产，已经不同程度地渗透到每个行业领域和部门。现在，通过大数据的力量，用户希望掌握真正的便捷信息，从而让生活更有趣。

4.1　云计算概述

4.1.1　云计算的定义

云计算诞生初期，人们对它的认识，真有点像瞎子摸象，各有各的说法。有人说，虚拟化就是云计算；有人说，分布式计算就是云计算；也有人说，把一切资源都放在网上，一切服务都从网上取得就是云计算；更有人说，云计算是一个简单的，甚至没有关键技术的东西，它只是一种思维方式的转变；等等。

先来看看为什么用“云”来命名这个新的计算模式，以及云计算中的“云”是什么。

一种比较流行的说法是当工程师画网络拓扑图时，通常是用一朵云来抽象表示不需表述细节的局域网或互联网，而云计算的基础正是互联网，所以就用了“云计算”这个词来命名这个新技术。另外一个原因就是上面提到的，云计算的始祖——亚马逊将它的第一个云计算服务命名为“弹性计算云”。

其实，云计算中的“云”不仅是互联网这么简单，它还包括了服务器、存储设备等硬件资源和应用软件、集成开发环境、操作系统等软件资源。这些资源数量巨大,可以通过互联网为用户所用。云计算负责管理这些资源,并以很方便的方式提供给用户。用户无须了解资源具体的细节,只需要连接上互联网,就可以使用了。

不同的组织、机构、企业分别从多个不同的角度给出了自己的定义,如图 4.1 所示。

说“云计算”

· 美国国家标准与技术研究院:

云计算是一个模型,可以方便地按需访问一个可配置的计算资源的公共集,这些资源可以在实现管理成本或服务提供商干预最小化的同时被快速提供和发布

· 中国电子学会云计算专家委员会:

云计算是一种基于互联网的大众参与的计算模式,具动态、可伸缩、被虚拟化的计算资源,并以服务的方式提供,可以方便地实现分享和交互,形成群体智能

图 4.1　对云计算的不同定义

虽然各个机构对于云计算有不同的认识,但我们仍可以得出一些共性认识:云计算既是一种技术,也是一种服务,甚至还是一种商业模式。云计算是一种将池化的集群计算能力通过互联网向内外部用户提供自助、按需服务的互联网新业务、新技术。

4.1.2　云计算的标准化

云计算标准化是云计算真正大范围推广和应用的基本前提,没有标准,云计算产业就难以得到规范、健康发展,难以形成规模化和产业化集群发展。因此,有必要通过标准的制定和实施对云计算市场进行规范和引导。建立云计算标准化是云计算大规模发展的一个重要前提,也是需要考虑的一个重要问题。

各国政府都在积极推动云计算标准化制订的工作。在我国,政府部门也在大力推动云计算的发展。与此同时,我国的企业和云计算机相关组织也在积极参与和推动云计算标准化的相关工作。国内云计算标准化工作如图 4.2 所示。

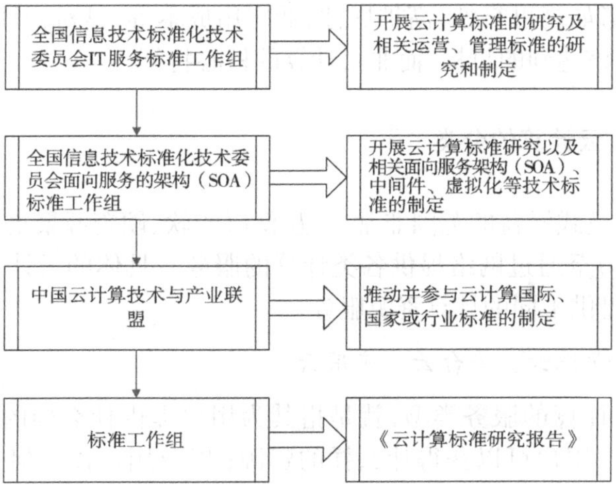
全国信息技术标准化技术委员会IT服务标准工作组
开展云计算标准的研究及相关运营、管理标准的研究和制定
全国信息技术标准化技术委员会面向服务的架构（SOA）标准工作组
开展云计算标准研究以及相关面向服务架构（SOA）、中间件、虚拟化等技术标准的制定
中国云计算技术与产业联盟
推动并参与云计算国际、国家或行业标准的制定
标准工作组
《云计算标准研究报告》

图 4.2 国内云计算标准化工作

4.2 云计算的特点与分类

4.2.1 云计算的特征

云计算如今被热炒，很多商家不管是与不是，都把自己的产品贴上云标签，使得云产品满天飞，甚至以假乱真！那么，什么样的产品及其应用才算是云计算呢？为了对云计算有一个全面的了解，这里进一步总结云计算所具有的特征，如图 4.3 所示。

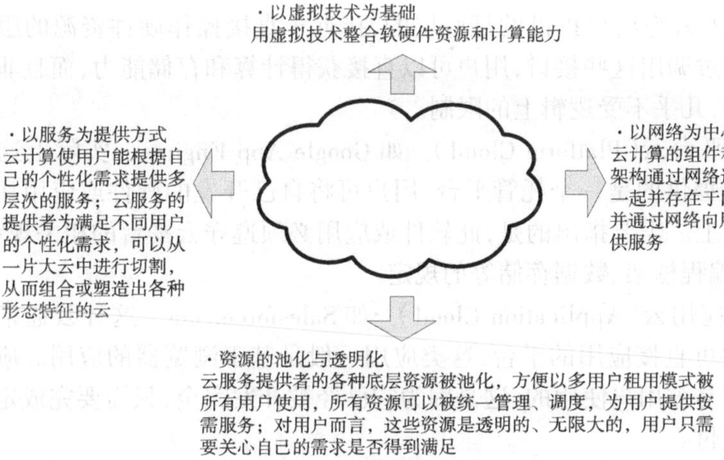
· 以虚拟技术为基础
用虚拟技术整合软硬件资源和计算能力
· 以服务为提供方式
云计算使用户能根据自己的个性化需求提供多层次的服务；云服务的提供者为满足不同用户的个性化需求，可以从一片大云中进行切割，从而组合或塑造出各种形态特征的云
· 以网络为中心
云计算的组件和整体架构通过网络连接在一起并存在于网络中，并通过网络向用户提供服务
· 资源的池化与透明化
云服务提供者的各种底层资源被池化，方便以多用户租用模式被所有用户使用，所有资源可以被统一管理、调度，为用户提供按需服务；对用户而言，这些资源是透明的、无限大的，用户只需要关心自己的需求是否得到满足

图 4.3 云计算的特征

此外,诸如高可靠性、高扩展性、低应用成本等,是对云计算的要求,或云计算应该达到的目标,而非云计算的核心特征。

4.2.2 云计算的分类

云计算模式涵盖的范围非常广,从低层的软、硬资源聚集管理到虚拟化计算池,乃至通过网络提供各类计算的服务。具体的云计算系统具有多种形态,提供不同的计算资源服务。

1. 基础设施云、平台云、应用云

所谓云计算的服务类型,就是指其为用户提供什么样的服务;通过这样的服务,用户可以获得什么样的资源;以及用户该如何去使用这样的服务。目前业界普遍认为,以服务类型为指标,云计算可以分为以下三类,如图 4.4 所示。

基础设施云
平台云
应用云

图 4.4 云计算的服务类型

(1)基础设施云(Infrastructure Cloud)。如案例 1 中提到的 Amazon EC2。这种云为用户提供的是底层的、接近于直接操作硬件资源的服务接口。通过调用这些接口,用户可以直接获得计算和存储能力,而且非常自由灵活,几乎不受逻辑上的限制。

(2)平台云(Platform Cloud)。如 Google App Engime。实际上这种云为用户提供的是一个托管平台,用户可将自己开发的软件或应用托管到云平台上。需要指出的是,此软件或应用必须遵守云平台的相关规定,如语言、编程框架、数据存储等的规定。

(3)应用云(Application Cloud)。如 Salesforce.com。这种云通常为用户提供可直接应用的平台,这类应用一般是基于浏览器的应用。应用云是最容易被用户使用的,这是因为它已经被开发完全,只需要完成定制就可以交付。

这三种类型的特点见表 4.1 所示。

表 4.1　按服务类型划分的云计算的特点

分类	服务类型	运用的灵活性	运用的难易程度
基础设施云	接近原始的计算存储能力	高	难
平台云	应用的托管环境	中	中
应用云	特定功能的应用	低	易

2. 公有云、私有云、混合云

从部署应用架构来讲，目前业界通常将云计算平台分成公有云(Public Cloud)、私有云(Private Cloud)和混合云(Hybrid Cloud)，后者有时也称企业云或者内部云。

(1)公有云。公有云指企业构建的可以为外部客户提供服务的云，其所有服务是供别人使用的。企业通过自己的基础设施直接向外部用户提供服务，外部用户通过互联网访问云服务。到底是否使用公有云，一般需考虑如下因素，如图 4.5 所示。

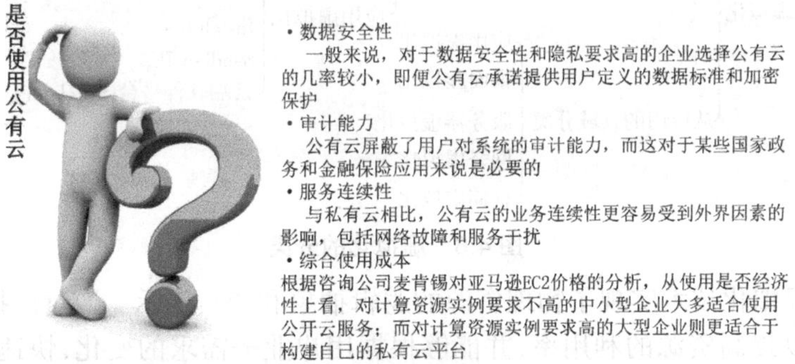
是否使用公有云
• 数据安全性
一般来说，对于数据安全性和隐私要求高的企业选择公有云的几率较小，即便公有云承诺提供用户定义的数据标准和加密保护
• 审计能力
公有云屏蔽了用户对系统的审计能力，而这对于某些国家政务和金融保险应用来说是必要的
• 服务连续性
与私有云相比，公有云的业务连续性更容易受到外界因素的影响，包括网络故障和服务干扰
• 综合使用成本
根据咨询公司麦肯锡对亚马逊EC2价格的分析，从使用是否经济性上看，对计算资源实例要求不高的中小型企业大多适合使用公开云服务；而对计算资源实例要求高的大型企业则更适合于构建自己的私有云平台

图 4.5　使用公有云应考虑的几个因素

(2)私有云。私有云是针对类似于金融机构或政府机构等单个机构特别定制的，专为该机构内部提供各类云计算的服务。它可以是场内服务或场外服务，可以被使用它的组织自行管理或被第三方托管。

(3)混合云。混合云表现为公有云和私有云等的组合，同时向公共客户和机构内部客户等提供相关云计算服务。混合云的每个组成部分(云)仍然是独立的实体，它们通过规范化的或专门的技术被捆绑到一起，数据和应用程序在这些云之间具有可移植性。

4.3 云计算的关键技术

4.3.1 虚拟化技术

虚拟化技术已经成为一个庞大的技术家族，其形式多种多样，实现的应用也已形成体系。但对其分类，从不同的角度有不同分类方法。图 4.6 给出了虚拟化的分类。

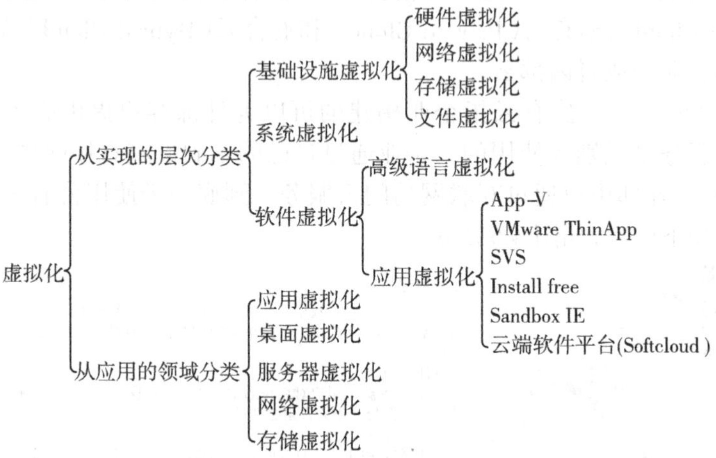
虚拟化
从实现的层次分类
基础设施虚拟化
硬件虚拟化
网络虚拟化
存储虚拟化
文件虚拟化
系统虚拟化
软件虚拟化
高级语言虚拟化
应用虚拟化
App-V
VMware ThinApp
SVS
Install free
Sandbox IE
云端软件平台(Softcloud)
从应用的领域分类
应用虚拟化
桌面虚拟化
服务器虚拟化
网络虚拟化
存储虚拟化

图 4.6 虚拟化的分类

虚拟化技术实现了物理资源的逻辑抽象和统一表示。通过虚拟化技术可以提高资源的利用率，并能够根据用户业务需求的变化，快速、灵活地进行资源部署(图 4.7)。

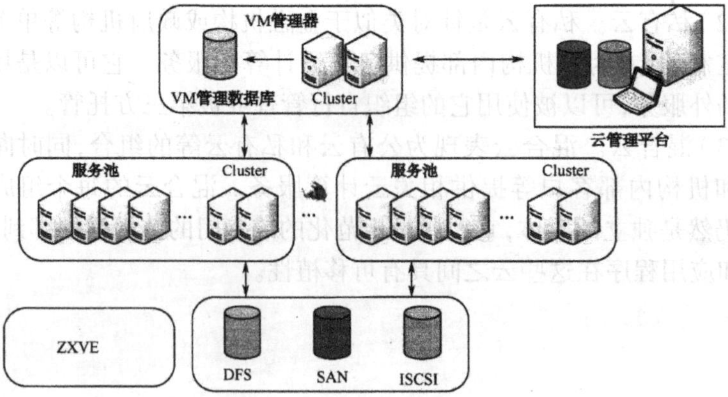
VM管理器
VM管理数据库
Cluster
云管理平台
服务池
Cluster
服务池
Cluster
ZXVE
DFS
SAN
ISCSI

图 4.7 虚拟化平台物理部署

常见的虚拟化攻击手段有虚拟机窃取和篡改、虚拟机跳跃(图 4.8)虚拟机逃逸(图 4.9)、VMBR 攻击(图 4.10)、拒绝服务攻击(图 4.11),对虚拟化攻击的手段有一定的了解,才能更好地探索相应的防御技术,这对提高虚拟化系统的安全性是至关重要的。

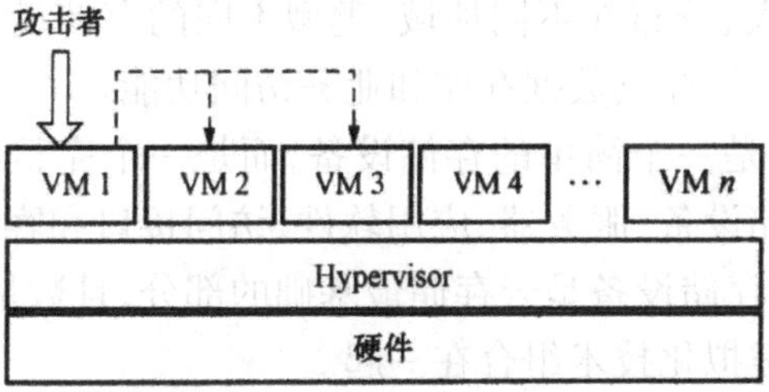
攻击者
VM 1
VM 2
VM 3
VM 4
…
VM n
Hypervisor
硬件

图 4.8　虚拟机跳跃攻击

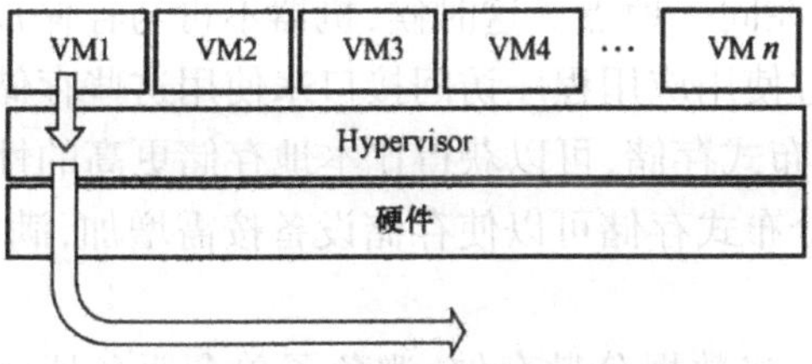
VM1
VM2
VM3
VM4
…
VM n
Hypervisor
硬件

图 4.9　虚拟机逃逸攻击

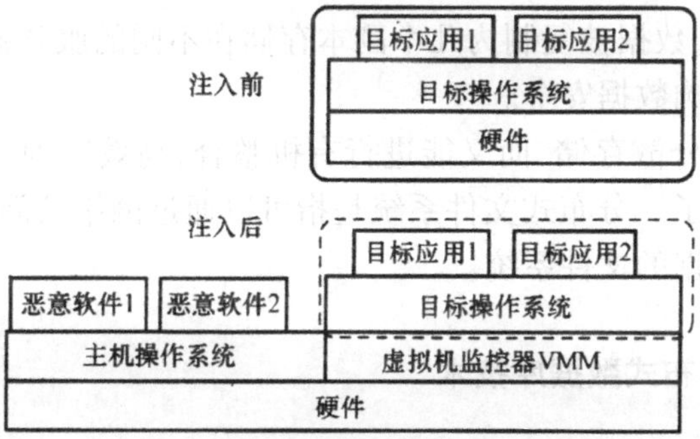
注入前
目标应用1
目标应用2
目标操作系统
硬件
注入后
目标应用1
目标应用2
恶意软件1
恶意软件2
目标操作系统
主机操作系统
虚拟机监控器VMM
硬件

图 4.10　基于虚拟机的 Rootkits 攻击

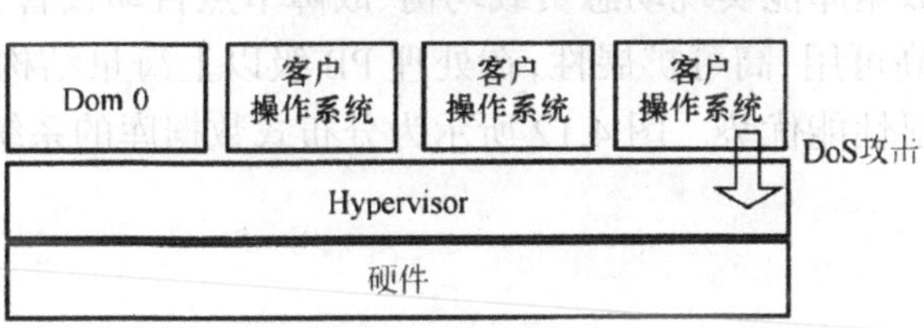
Dom 0
客户
操作系统
客户
操作系统
客户
操作系统
DoS攻击
Hypervisor
硬件

图 4.11　拒绝服务攻击

4.3.2 分布式存储技术

云存储是一种存储技术,它通过集群应用、网格技术和分布式处理等技术,将数量庞大、分布在不同地域、类型不同的存储设备整合起来使之协同工作,共同对外提供数据存储和业务访问功能。

云存储不再是一个简单的存储设备,而是一个完整的系统架构。它由网络设备、存储设备、服务器、应用软件、访问接口和客户端程序等多个部分组成。其中存储设备是云存储最基础的部分,且数量巨大,分布在不同的地域,通过虚拟化技术组合在一起。

分布式存储是指将数据分割为若干部分,分别存储在不同的设备上。这些设备可能不在同一地点。这时候,机器不再与存储设备直接相连,而是通过网络,通过使用应用程序访问接口来使用这些存储设备。

通过使用分布式存储,可以获得比本地存储更高的性能:

高扩展性,分布式存储可以使存储设备按需增加,满足随时增长的存储要求;

高传输速度,将数据分散存储,避免了单台服务器网络带宽的瓶颈,提高传输速度;

高可靠性,数据被复制为几个副本存储在不同的服务器上,单台服务器的故障不影响数据安全。

要将数据分散存储,而又能进行有机整合,高效管理,那就要使用分布式文件系统了。分布式文件系统是指可以通过网络访问存储在多个存储设备中的数据的文件系统。

4.3.3 分布式数据库技术

分布式数据库能实现动态负载均衡、故障节点自动接管,具有高可靠性、高性能、高可用、高可扩展性,在处理 PB 级以上海量结构化数据的业务上具备明显性能优势。图 4.12 所示为分布式数据库的系统架构。

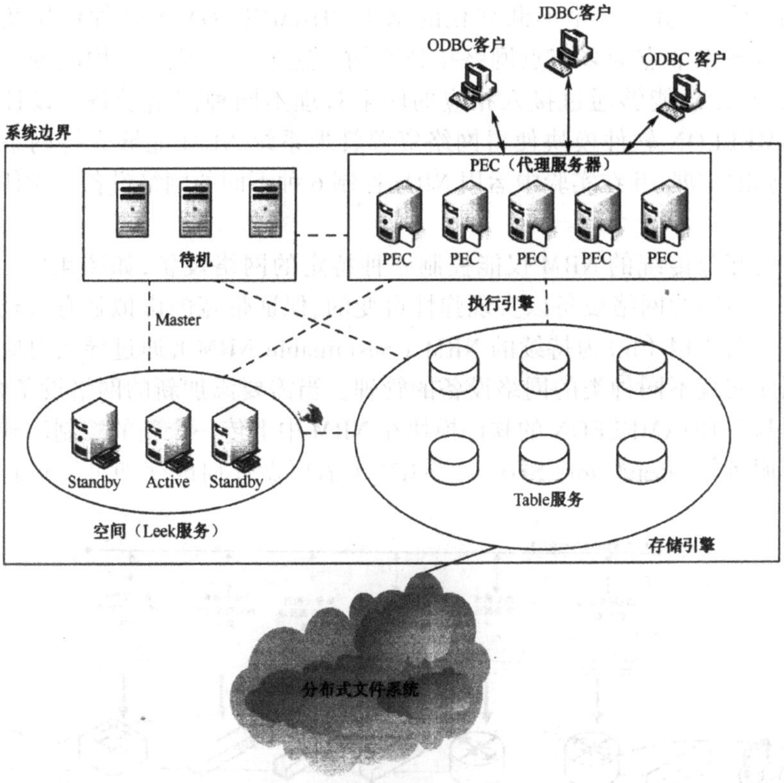
JDBC客户
ODBC客户
ODBC 客户
系统边界
PEC（代理服务器）
待机
PEC
PEC
PEC
PEC
PEC
执行引擎
Master
Standby
Active
Standby
Table服务
空间（Leek服务）
存储引擎
分布式文件系统

图 4.12　分布式数据库的系统架构

4.3.4　资源管理技术

图 4.13 所示为一个通用的云系统索引框架。

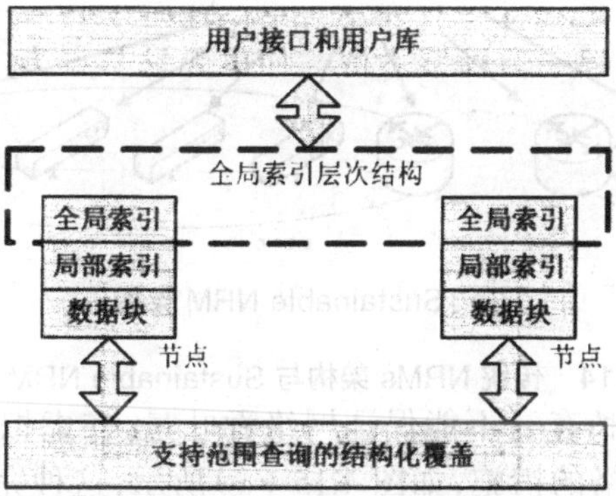
用户接口和用户库
全局索引层次结构
全局索引
局部索引
数据块
全局索引
局部索引
数据块
节点
节点
支持范围查询的结构化覆盖

图 4.13　云系统索引框架

有的学者提出了一种网络资源管理（Network Resource Management,

NRM）系统，引入一个不断变化的基于 CHAMELEON 的软件模块及一个带有虚拟节点的多节点网络拓扑结构。这种基于软件架构的资源管理系统 NRM 能够通过接入相应的库来管理不同种网络设备。设计的 CHAMELEON 软件模块使得网络资源管理系统 NRM 能够支持网络基础设施的扩展，并在实验中运用 NRM 控制 6 种不同的网络设备不做任何修改。

大部分传统的 NRM 仅能控制一种特定的网络设备，如图 4.14（a）所示。不同的网络设备以实现弹性可变的、保证带宽的虚拟私有云至关重要。图 4.14（b）为持续的 NRM（Sustainable NRM），通过导入对应的控制库实现不同种类的网络设备的管理。当需要添加新的网络设备时，利用基于 CHAMELEON 的软件模块在 NRM 中上传一个新的控制库到库管理服务器（Repository Server），NRM 不需要做任何改变即可管理新加设备。

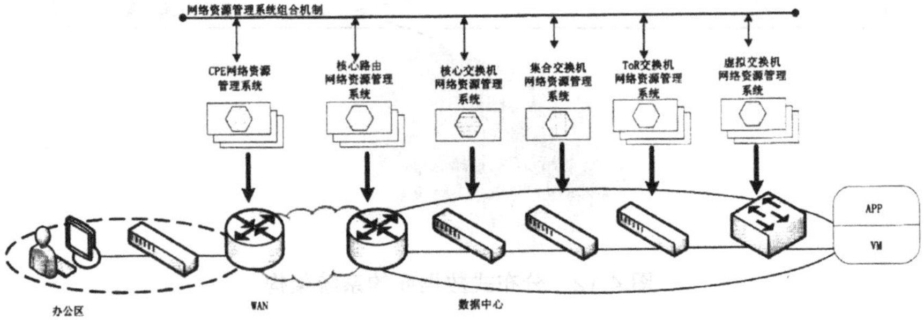
网络资源管理系统组合机制
CPE网络资源
管理系统
核心路由
网络资源管理
系统
核心交换机
网络资源管理
系统
集合交换机
网络资源管理
系统
ToR交换机
网络资源管理
系统
虚拟交换机
网络资源管理
系统
APP
VM
办公区
WAN
数据中心

（a）传统的 NRMs 架构

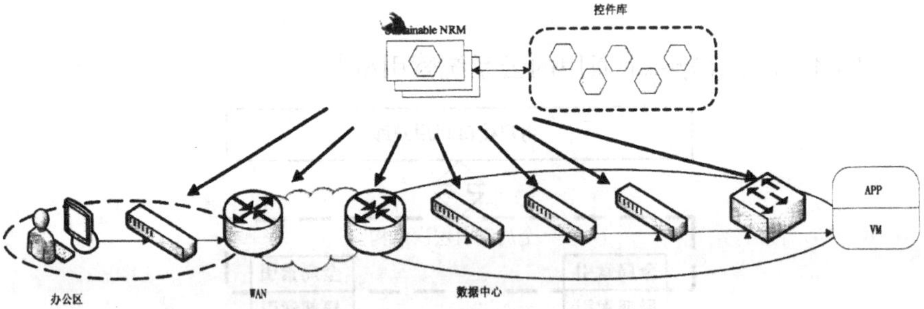
控件库
APP
VM
办公区
WAN
数据中心

（b）Sustainable NRM 架构

图 4.14　传统 NRMs 架构与 Sustainable NRM 架构

传统的虚拟私有云不能保证网络吞吐量，在虚拟机之间采取一种提供点对点的网络的措施，如图 4.15（a）所示，这种完全网格结构需要虚拟机之间的完全连通，且这种带宽的分配不可扩展。如图中总体物理网络带宽可达到 1Gbps，而对于两个虚拟机之间的平均带宽仅分配了

250Mbps,则虚拟机之间的带宽就限制在250Mbps之下。当需要有新的虚拟机加入时,分配的带宽需要重新计算和重新分配,这种方法较为低效且不够灵活。持续的NRM提出的策略如图4.15(b)所示。类似于星形的拓扑结构,虚拟网络节点作为云网络的中心节点,指派虚拟机与虚拟网络节点作为两终端节点,当需要添加新的虚拟机时,只需在虚拟机与虚拟网络节点之间开辟新的网络路径即可。

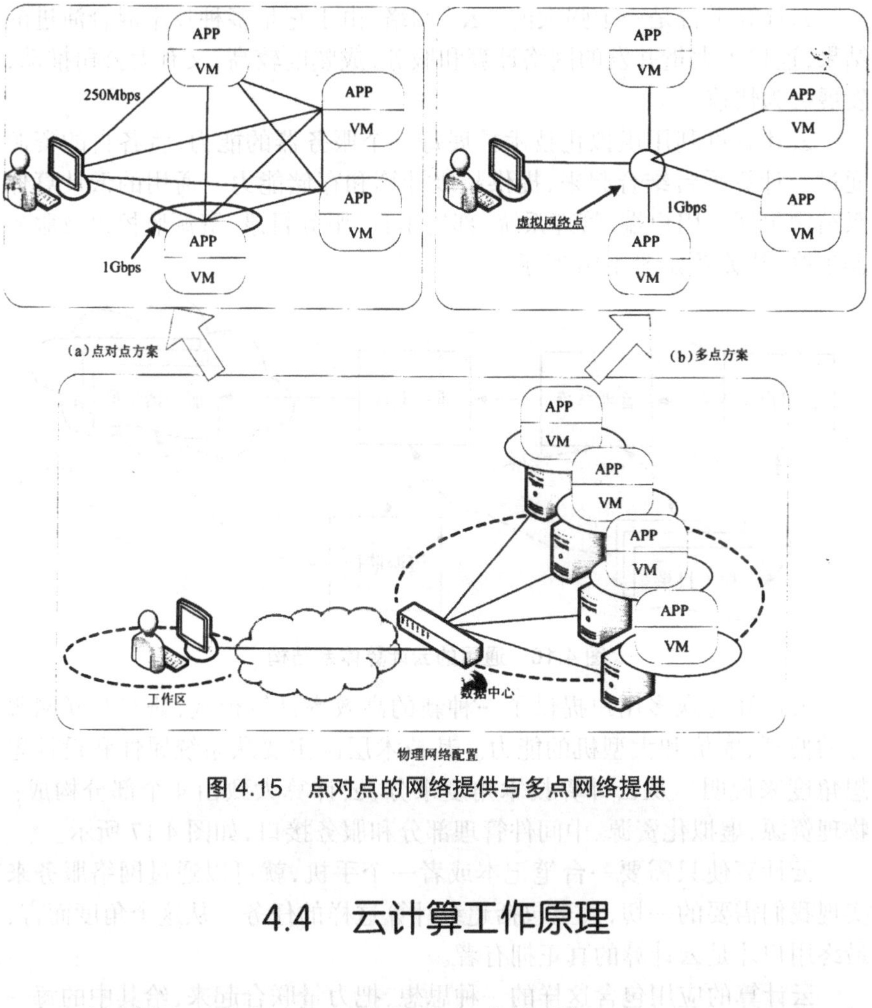
APP
VM
250Mbps
1Gbps
(a)点对点方案
虚拟网络点
(b)多点方案
工作区
数据中心
物理网络配置

图4.15 点对点的网络提供与多点网络提供

4.4 云计算工作原理

云计算(Cloud Computing)是分布式处理(Distributed Computing)、并行处理(Parallel Computing)和网格计算(Grid Computing)的发展,或者说是这些计算机科学概念的商业实现。

云计算的基本原理是,通过使计算分布在大量的分布式计算机上,而非本地计算机或远程服务器中,企业数据中心的运行将更与互联网相似。

这使得企业能够将资源切换到需要的应用上，根据需求访问计算机和存储系统。

这是一种革命性的举措，打个比方，这就好比是从古老的单台发电机模式转向了电厂集中供电的模式。它意味着计算能力也可以作为一种商品进行流通，就像煤气、水电一样，取用方便，费用低廉。最大的不同在于，它是通过互联网进行传输的。

云计算平台是一个强大的“云”网络，由于它是多种技术混合演进的结果，连接了大量并发的网络计算和服务，成熟度较高，又有大公司推动，发展极为快速。

云计算可利用虚拟化技术扩展每一个服务器的能力，将各自的资源通过云计算平台结合起来，提供超级计算和存储能力。通用的云计算体系结构包括云用户端、管理系统、部署工具、服务目录、资源监控以及服务器集群，其关系如图 4.16 所示。

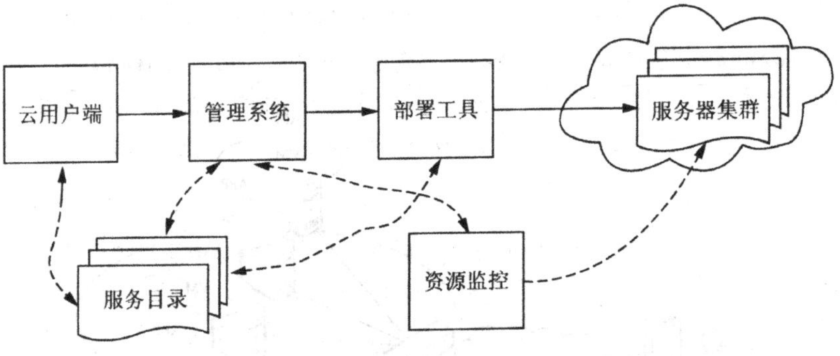
云用户端
管理系统
部署工具
服务器集群
服务目录
资源监控

图 4.16　通用的云计算体系结构

云计算为众多用户提供了一种新的高效率计算模式，兼有互联网服务的便利、廉价和大型机的能力。其技术层次主要从系统属性和设计思想角度来说明。从云计算技术角度来分，云计算大致由 4 个部分构成：物理资源、虚拟化资源、中间件管理部分和服务接口，如图 4.17 所示。

云计算使只需要一台笔记本或者一个手机，就可以通过网络服务来实现我们需要的一切，甚至包括超级计算这样的任务。从这个角度而言，最终用户才是云计算的真正拥有者。

云计算的应用包含这样的一种思想，把力量联合起来，给其中的每一个成员使用。

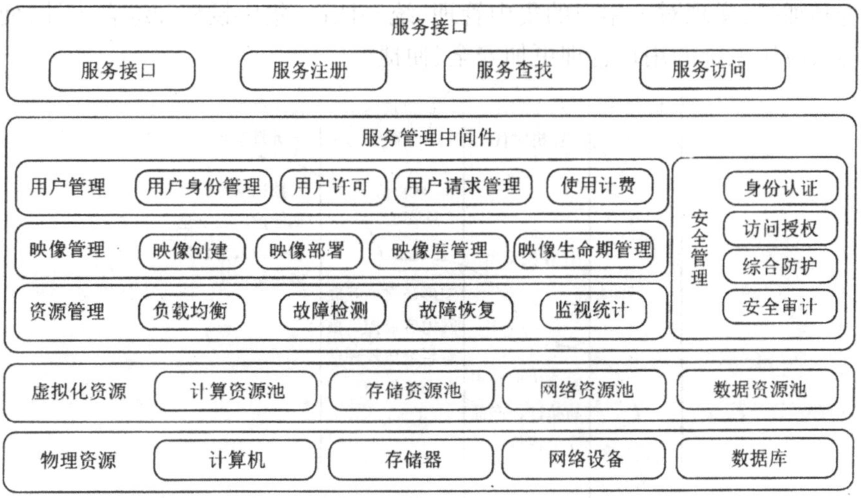
服务接口
服务接口
服务注册
服务查找
服务访问
服务管理中间件
用户管理
用户身份管理
用户许可
用户请求管理
使用计费
映像管理
映像创建
映像部署
映像库管理
映像生命期管理
资源管理
负载均衡
故障检测
故障恢复
监视统计
安全管理
身份认证
访问授权
综合防护
安全审计
虚拟化资源
计算资源池
存储资源池
网络资源池
数据资源池
物理资源
计算机
存储器
网络设备
数据库

图 4.17　云计算技术体系结构示意图

4.5　云安全与云存储

4.5.1　云安全

1. 云计算安全问题及其应对

（1）云计算安全问题。安全性之所以成为云计算用户的首要关注点，主要基于以下几个原因：

1）云计算应用导致信息资源、用户数据、用户应用的高度集中，一旦云计算应用系统发生故障，对用户的影响将非常大，如图 4.18 所示。

2）云计算应用数据具有无边界性和流动性的特征，使其面临较多新的安全威胁。另外，云计算应用数据、API 的开放性，也使其更容易遭受外界的攻击，安全风险增加。

3）云计算应用的数据分布式存储，对数据的安全管理，如数据隔离、灾难恢复等增加了难度。

（2）云计算安全问题的应对。

1）4A 体系建设。大规模云计算平台的应用系统繁多、用户数量庞大，身份认证要求高，用户的授权管理更加复杂等，在这样的条件下无法满足云应用环境下用户管理控制的安全需求。因此，云应用平台的用户管理控制必须与 4A 解决方案相结合，通过对现有的 4A 体系结构进行改进和加强,实现对云用户的集中管理、统一认证、集中授权和综合审计,使得云应用系统的用户管理更加安全、便捷。

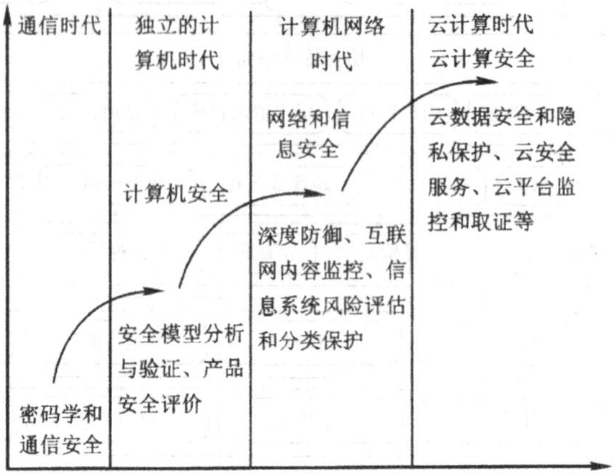
通信时代
独立的计算机时代
计算机网络时代
云计算时代
云计算安全
网络和信息安全
云数据安全和隐私保护、云安全服务、云平台监控和取证等
计算机安全
深度防御、互联网内容监控、信息系统风险评估和分类保护
安全模型分析与验证、产品安全评价
密码学和通信安全

图 4.18　信息安全技术发展阶段图

4A 统一安全管理平台是解决用户接入风险和用户行为威胁的必需方式。如图 4.19 所示,4A 体系架构包括 4A 管理平台和一些外部组件,这些外部组件一般是对 4A 中某一个功能的实现,如认证组件、审计组件等。

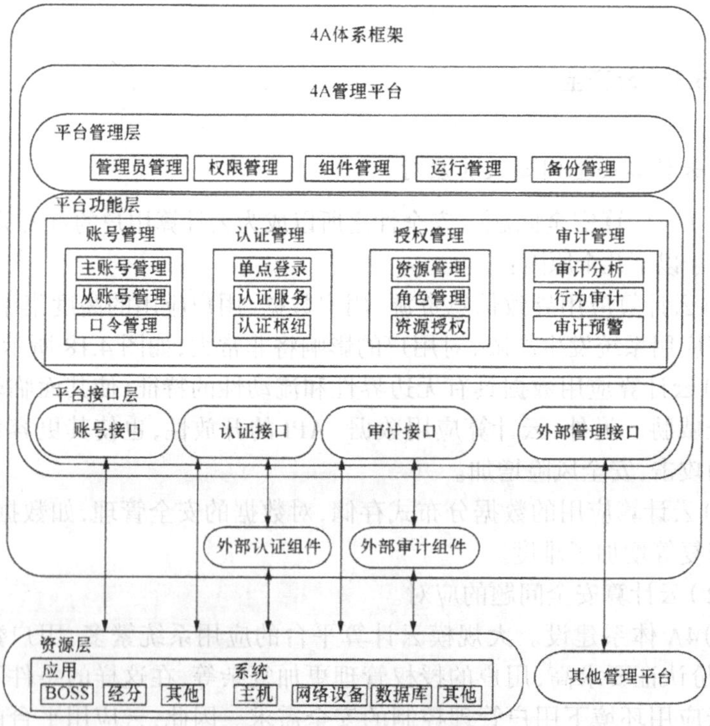
4A体系框架
4A管理平台
平台管理层
管理员管理
权限管理
组件管理
运行管理
备份管理
平台功能层
账号管理
主账号管理
从账号管理
口令管理
认证管理
单点登录
认证服务
认证枢纽
授权管理
资源管理
角色管理
资源授权
审计管理
审计分析
行为审计
审计预警
平台接口层
账号接口
认证接口
审计接口
外部管理接口
外部认证组件
外部审计组件
资源层
应用
BOSS
经分
其他
系统
主机
网络设备
数据库
其他
其他管理平台

图 4.19　4A 体系架构图

4A 统一安全管理平台支持单点登录,用户完成 4A 平台的认证后,在访问其具有访问权限的所有目标设备时,均不需要再输入账号口令,4A 平台自动代为登录。图 4.20 是用户通过 4A 平台登录云应用系统时 4A 平台的工作流程,即对用户实施统一账号管理、统一身份认证、统一授权管理和统一安全审计。

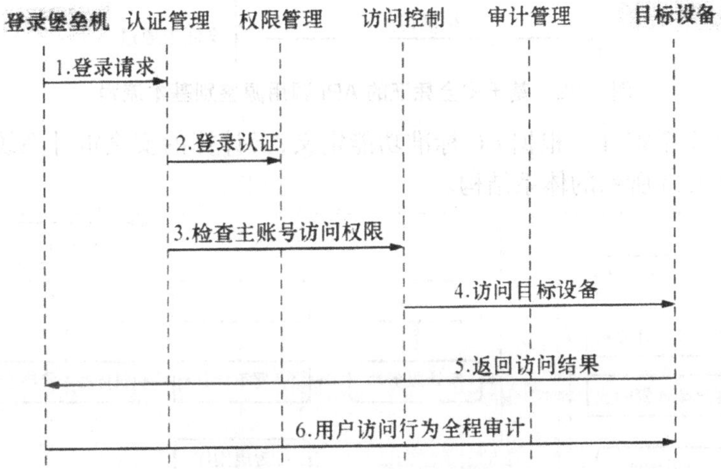
登录堡垒机
认证管理
权限管理
访问控制
审计管理
目标设备
1.登录请求
2.登录认证
3.检查主账号访问权限
4.访问目标设备
5.返回访问结果
6.用户访问行为全程审计

图 4.20 4A 平台工作流程

2)身份认证。云应用系统拥有海量用户,云计算身份认证的主要方式有两种,如图 4.21 所示。

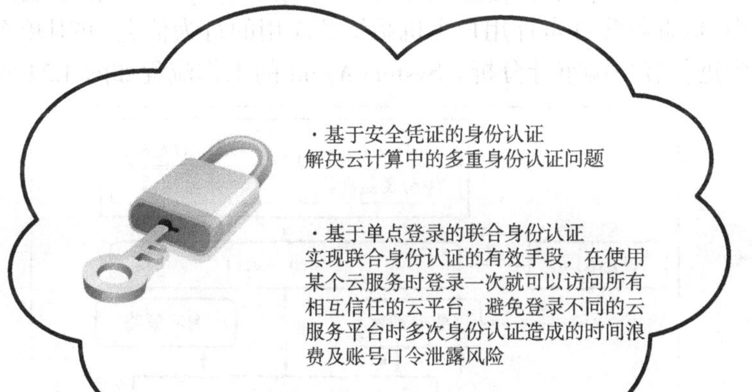
·基于安全凭证的身份认证
解决云计算中的多重身份认证问题
·基于单点登录的联合身份认证
实现联合身份认证的有效手段,在使用某个云服务时登录一次就可以访问所有相互信任的云平台,避免登录不同的云服务平台时多次身份认证造成的时间浪费及账号口令泄露风险

图 4.21 云计算身份认证的主要方式

基于安全凭证的身份认证技术中最常用的是基于安全凭证的 API 调用源鉴别。在云计算中,基于安全凭证的 API 调用源鉴别的基本流程如

图 4.22 所示。

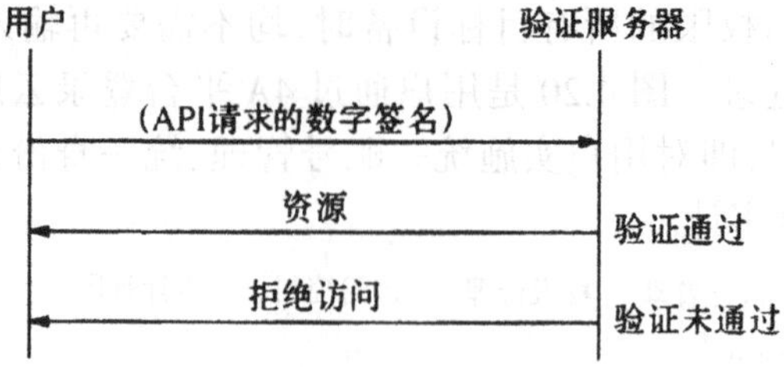
用户
验证服务器
(API请求的数字签名)
资源
验证通过
拒绝访问
验证未通过

图 4.22 基于安全凭证的 API 调用源鉴别基本流程

3)安全审计。根据 CC 标准功能定义,云计算的安全审计系统可以采取图 4.23 所示的体系结构。

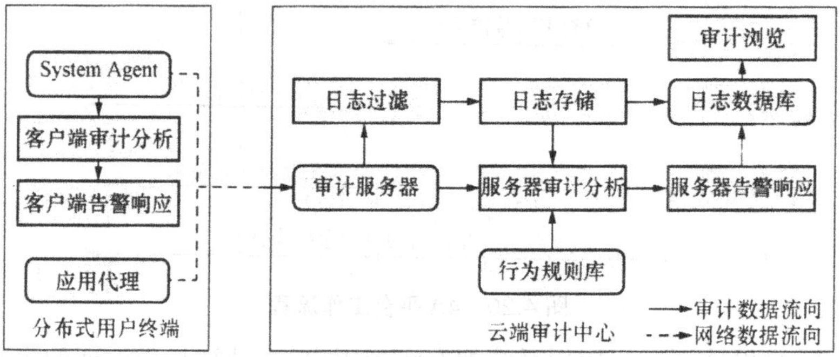
System Agent
客户端审计分析
客户端告警响应
应用代理
分布式用户终端
审计浏览
日志过滤
日志存储
日志数据库
审计服务器
服务器审计分析
服务器告警响应
行为规则库
审计数据流向
云端审计中心
网络数据流向

图 4.23 云计算安全审计系统

云计算安全审计系统主要是 System Agent。System Agent 嵌入用户主机中,负责收集并审计用户主机系统及应用的行为信息,并对单个事件的行为进行客户端审计分析。System Agent 的工作流程如图 4.24 所示。

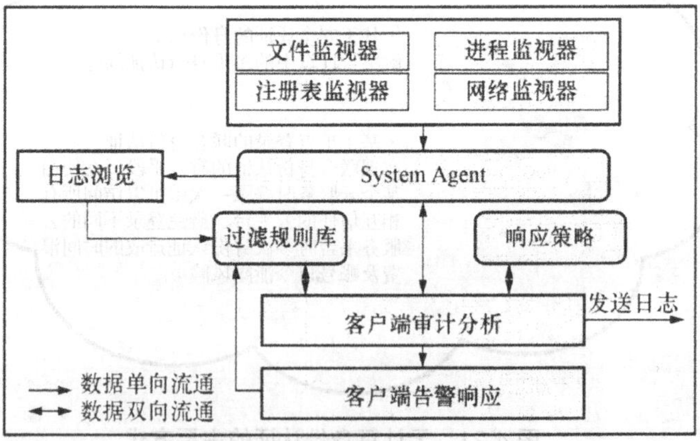
文件监视器
进程监视器
注册表监视器
网络监视器
日志浏览
System Agent
过滤规则库
响应策略
发送日志
客户端审计分析
数据单向流通
数据双向流通
客户端告警响应

图 4.24 System Agent 的工作流程

2. 云数据安全

一般来说,云数据的安全生命周期可分为六个阶段,如图4.25所示。在云数据生命周期的每个阶段,数据安全面临着不同方面和不同程度的安全威胁。

生成
存储
使用
共享
归档
销毁

图4.25　云数据的安全生命周期

(1)数据完整性的保障技术。在云存储环境中,为了合理利用存储空间,都是将大数据文件拆分成多个块,以块的方式分别存储到多个存储节点上。数据完整性的保障技术的目标是尽可能地保障数据不会因为软件或硬件故障受到非法破坏,或者说即使部分被破坏也能做数据恢复。数据完整性保障相关的技术主要分两种类型,一种是纠删码技术,另一种是秘密共享技术。

(2)数据完整性的检索和校验技术。

1)密文检索。密文检索技术是指当数据以加密形式存储在存储设备中时,如何在确保数据安全的前提下,检索到想要的明文数据。密文检索技术按照数据类型的不同,主要分为三类:非结构化数据的密文检索、结构化数据的密文检索和半结构化数据的密文检索。

非结构化数据的密文检索主要为基于关键字的密文文本型数据的检索技术。美国加州大学的Song、Wagner和Perrig三人结合电子邮件应用场景,提出了一种基于对称加密算法的关键字查询方案,通过顺序扫描的线性查询方法,实现了单关键字密文检索。基于顺序扫描的线性查询方案中对明文文件进行加密的基本实现思想如图4.26所示。

结构化数据是经过严格的人为处理后的数据,一般以二维表的形式存在,如关系数据库中的表、元组等。在基于加密的关系型数据的诸多检索技术中,DAS模型的提出是一项比较有代表性的突破,该模型也是云计算模式发展的雏形,为云计算服务方式的提出奠定了理论基础。DAS模型为数据库用户带来了诸多便利,但用户同样面临着数据隐私泄露的风险,消除该风险最有效的方法是将数据先加密后外包,但加密后的数据打乱了原有的顺序,失去了检索的可能性,为了解决该问题,Hacigumus等提出了基于DAS模型对加密数据进行安全高效的SQL查询的解决方案。

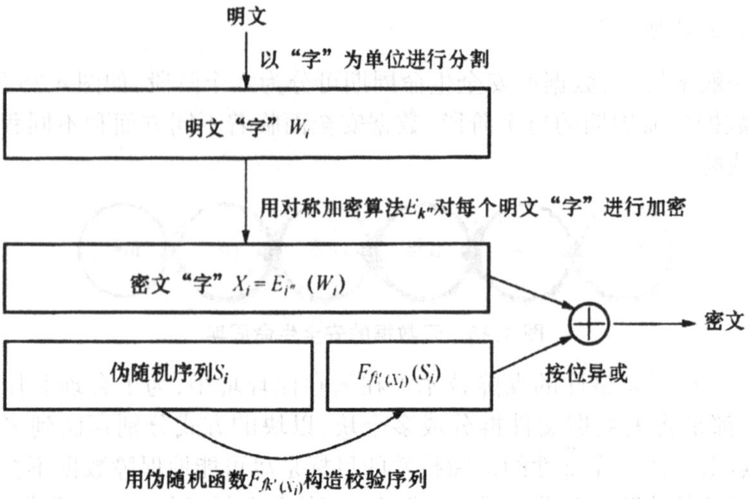
明文
以"字"为单位进行分割
明文"字"W_i
用对称加密算法$E_{k''}$对每个明文"字"进行加密
密文"字"$X_i=E_{i''}(W_i)$
密文
伪随机序列S_i
$F_{fk'(X_i)}(S_i)$
按位异或
用伪随机函数$F_{fk'(X_i)}$构造校验序列

图 4.26　基于顺序扫描的线性查询方案中对明文文件进行加密的基本实现思想

半结构化数据主要来自 Web 数据,包络 HTML 文件、XML 文件、电子邮件等,其特点是数据的结构不规则或不完整,表现为数据不遵循固定的模式、结构隐含、模式信息量大、模式变化快等特点。在诸多基于 XML 数据的密文检索方案中,比较有代表性的方案应属哥伦比亚大学的 Wang 和 Lakshmanan 于 2006 年提出的一种对加密的 XML 数据库高效安全地进行查询的方案。该方案基于 DAS 模型,满足结构化数据密文检索的特征。

2)数据检验技术。目前,校验数据完整性方法按安全模型的不同可以划分为两类,即 POR(Proof of Retrieva bility,可取回性证明)和 PDP(Proof of Data Possession,数据持有性证明)。

POR 方案在验证者之前首先要对文件进行纠错编码,然后生成一系列随机的用于校验的数据块,在 Juels 文中这些数据块使用带密钥的哈希函数生成,称为"岗哨"(Sentinels),并将这些 Sentinels 随机位置插入文件各位置中,然后将处理后的文件加密,并上传给云存储服务提供商(Prover)。

PDP 方案可检测到存储数据是否完整,最早是由约翰·霍普金斯大学(Johns Hopkins University)的 Ateniese 等提出的,其方案的架构如图 4.27 所示。这个方案主要分为两个部分:首先是用户对要存储的文件生成用于产生校验标签的加解密公私密钥对,其次是使用这对密钥对文件各分块进行处理,生成 HVT(Homomorphic Veriftable Tags,同态校验标签)校验标签后一并发送给云存储服务商,由服务商存储,用户删除本地文件、HVT 集合,只保留公私密钥对;需要校验的时候,由用户向云存储服务商发送校验数据请求，云服务商接收到后，根据校验请求的参数来计算用户指定校验的文件块的 HVT 标签及相关参数，发送给用户，用户就可以使用自己保存的公私密钥实现对服务商返回数据，最终根据验证结果判断其存储的数据是否具有完整性。

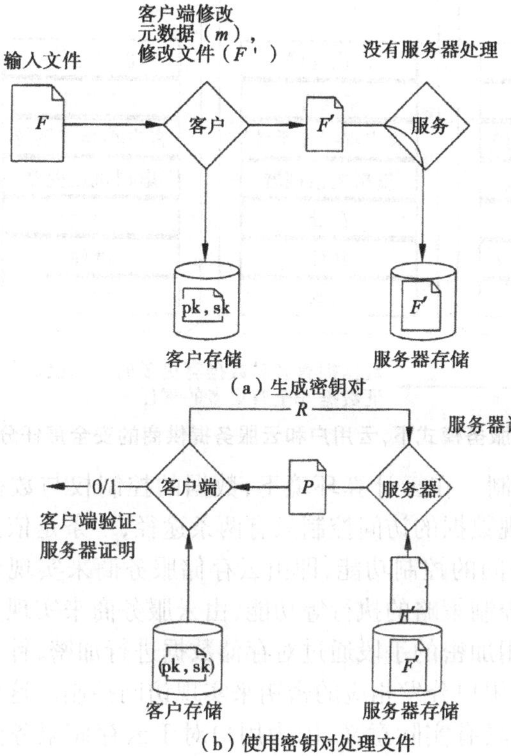
客户端修改
元数据（m），
修改文件（F'）
输入文件
没有服务器处理
F
客户
F'
服务
pk, sk
F'
客户存储
服务器存储
（a）生成密钥对
R
服务器计算占有证明P
0/1
客户端
P
服务器
客户端验证
服务器证明
pk, sk
F'
客户存储
服务器存储
（b）使用密钥对处理文件

图 4.27 Ateniese 等人的 PDP 方案

（3）数据完整性事故追踪与问责技术。云计算包括三种服务模式，即 IaaS、PaaS 和 SaaS。在这三种服务模式下，安全责任分工如图 4.28 所示。

从图 4.28 中可以看出，从 SaaS 到 PaaS 再到 IaaS，云用户自己需要承担的安全管理的职责越来越多，云服务提供商所要承担的安全责任越来越少。但是云服务也可能会面临各类安全风险，这些风险如：滥用或恶意使用云计算资源、恶意的内部人员作案、共享技术漏洞、数据损坏或泄露以及在应用过程中形成的其他不明风险等，这些风险既可能是来自云服务的供应商，也可能是来自用户；由于服务契约是具有法律意义的文书，因此契约双方都有义务承担各自对于违反契约规则的行为所造成的后果。在这样的情况下，为使云存储安全的一个核心目标，可问责性

(Accountability)应运而生,这对于用户与服务商双方来说都具有重要的意义。

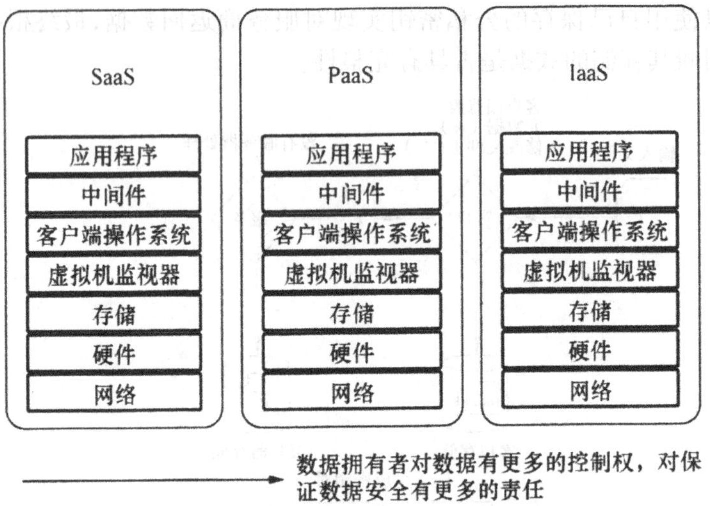
SaaS
PaaS
IaaS
应用程序
中间件
客户端操作系统
虚拟机监视器
存储
硬件
网络
数据拥有者对数据有更多的控制权，对保证数据安全有更多的责任

图 4.28 不同云服务模式下,云用户和云服务提供商的安全责任分工

(4)数据访问控制。在云计算环境下,数据的控制权与数据的管理权是分离的,因此实现数据的访问控制只有两条途径,一条是依托云存储服务商来提供数据访问的控制功能,即由云存储服务商来实现对不同用户的身份认证、访问控制策略的执行等功能,由云服务商来实现具体的访问控制,另一条是采用加密的手段通过对存储数据进行加密,针对具有访问某范围数据权限的用户分发相应的密钥来实现访问控制。这两种方法显然比第一种方法更具有实际意义,因为用户对于云存储服务商的信任度也是有限的,因此目前对于云存储中的数据访问控制的研究主要集中在通过加密的手段来实现。

3. 云安全管理流程

云安全管理作为保障云安全中的重要一环,需要在充分参照信息安全管理体系的基础上,结合云计算自身的特点以及云计算中部署的各项安全技术,构建出云安全管理流程,有层次、有针对性地部署安全管理措施,形成一个完整的、切实有效的云安全管理体系。

管理学中的"PDCA"循环适用于所有ISMS过程。PDCA是"Plan""Design""Check"和"Action"这4个英文单词的首字母组合,PDCA循环就是按照"规划—实施—检查—处理"的顺序进行产品、服务等的质量管理,并且循环不止地进行下去的科学程序。适用于ISMS过程的PDCA模式如图4.29所示。

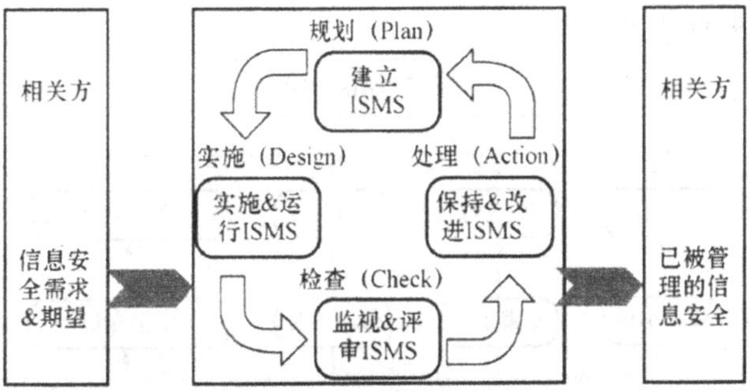
规划（Plan）
相关方
建立
ISMS
相关方
实施（Design）
处理（Action）
实施&运
行ISMS
保持&改
进ISMS
信息安
全需求
&期望
检查（Check）
已被管
理的信
息安全
监视&评
审ISMS

图 4.29　适用于 ISMS 过程的 PDCA 模式

（1）规划。在云安全管理的规划阶段，首先要规划出云安全管理体系的整体目标，为各项管理措施的制定和检查提供指导；其次要为云安全管理提供组织保障，使云安全管理能够顺利进行。

1）云安全管理体系的目标。云安全管理体系作为云安全体系的重要组成部分，主要目标就是通过各项管理措施增强云服务的安全性，并且在安全性和性能之间达到平衡，如图 4.30 所示。

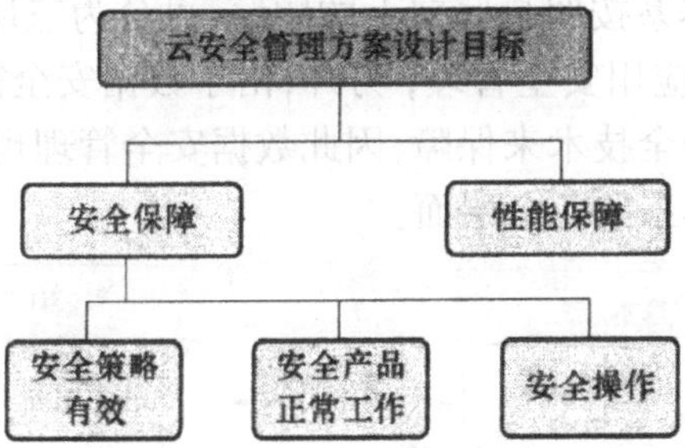
云安全管理方案设计目标
安全保障
性能保障
安全策略
有效
安全产品
正常工作
安全操作

图 4.30　云安全管理方案设计目标

云安全管理体系需要通过实施各项管理措施，保障安全技术的有效性、安全产品的可用性以及人为操作的合规合法性，从而保障云计算安全。

为了实施云安全管理方案，必然要部署一些安全管理产品，这些设备在工作时可能需要对流经的数据进行捕获和分析，这可能会降低云服务对用户请求的响应速度，影响云服务的性能。因此在设计云安全管理方案时，一定要考虑安全产品的部署和运行对云服务性能的影响程度，在高安全和高性能之间达到一个平衡。

2）云安全管理组织保障。云安全管理组织体系应包括云安全管理领导体系、指导体系、管理体系和安全审计监督体系 4 个子体系，不同的子体系有不同的职责。这些职责需要由专门的人员来承担，因此云安全管理组织体系和云安全管理人员体系相对应，二者的每个子体系也一一对应,如图 4.31 所示。

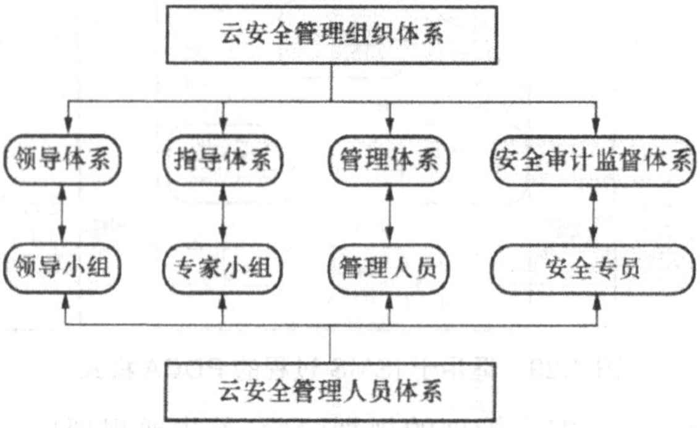
云安全管理组织体系
领导体系
指导体系
管理体系
安全审计监督体系
领导小组
专家小组
管理人员
安全专员
云安全管理人员体系

图 4.31　云安全管理组织保障

(2)实施。在云安全管理的实施阶段,需要建立起云安全管理体系的基本框架,明确应该从哪些方面部署云安全管理措施。由于云安全技术和云安全管理是云安全体系的两大组成部分,二者相辅相成、不可分割的,因此云安全管理体系可依照云安全技术体系进行构建,如图 4.32 所示。云安全管理体系按照自底向上的顺序,可分为三层:物理安全管理、IT 架构安全管理、应用安全管理;另外,由于数据安全需要通过在云平台的各个层面部署安全技术来保障,因此数据安全管理也应从全局出发,贯穿于云安全管理体系的各个层面。

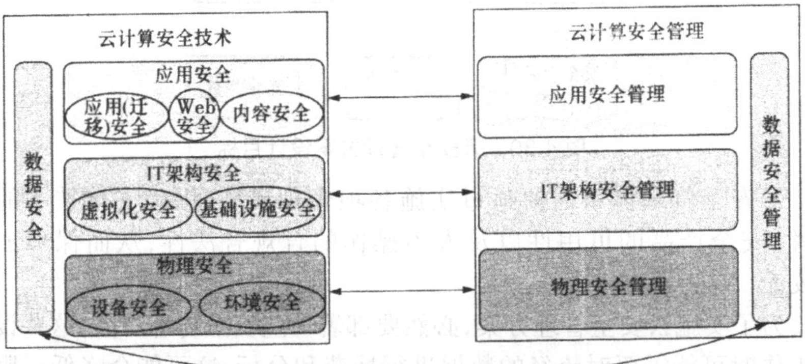
云计算安全技术
应用安全
应用(迁移)安全
Web安全
内容安全
数据安全
IT架构安全
虚拟化安全
基础设施安全
物理安全
设备安全
环境安全
云计算安全管理
应用安全管理
IT架构安全管理
物理安全管理
数据安全管理

图 4.32　云安全管理方案总体架构

1)物理安全管理。物理层安全管理的目的是保障云计算中心周边环境的安全及云计算中心内部资产的安全,可分为资产的分类和管理、安全区域管理、设备管理、日常管理这 4 个方面。

云服务提供商需要指定特定人员,对云计算中心的软硬件等资产进行统计并形成资产清单,资产清单中应包括资产类型、资产数量、资产所在位置、许可证信息、资产的价值等信息，便于随时进行查验。另外，需要根据资产的价值和安全级别对资产进行分类，确定各类资产的保护级别。

对存储及处理敏感信息的区域。需要部署适当的访问控制措施，以确保只有授权的人员才能进入这些区域，且要对访问者的姓名、进入和离开安全区域的时间进行记录，要有相关人员监督访问者在安全区域进行的所有操作，使用摄像头对各种行为进行监控等。

首先要保护设备不被窃取，并采取一定的保护和控制措施，将火灾、爆炸、烟雾、水电故障等事故对设备性能的影响降到最低。要重点保护存储和处理敏感信息的设备，采取访问控制措施来防止非授权访问导致的敏感信息泄露。另外，要定期对设备进行检查和维修，将设备出现的故障及维修信息记录下来。

需要增设巡逻警卫和看守人员，对云计算中心周围的环境进行监管，并及时查看摄像头中记录的信息，发现异常情况及时上报。这些人员的上下班信息也应有详细记录，以便在出现安全事故时追究相关人员的安全责任。

2）IT 架构安全管理。IT 架构既包括网络、主机等基础设施的部署，也包括各种虚拟化技术的使用，因此 IT 架构安全管理的目的是保障 IT 架构中基础设施的正常工作以及虚拟化平台的安全。

3）应用安全管理。应用安全管理处于云安全管理体系的最顶层，云用户在通过身份认证之后，以相应的权限来访问和使用云服务平台中的各种应用，因此应用安全管理的主要目标是对用户的身份和权限进行管理，防止非授权的访问和操作，并防止不良信息的流传。为达成该目标，可从身份管理、权限管理、策略管理和内容管理这四个方面部署管理措施。

（3）检查。在云安全管理的检查阶段，需要对云安全管理体系的各个方面进行审查，以评估云安全管理的各项措施是否有效，云安全管理方案是否全面合理，发现可能影响云安全的措施和事件。审查过程和结果需要有详细的记录，以便为改进云安全管理体系提供指导。对云安全管理体系的检查主要从三方面进行，如图 4.33 所示。

（4）处理。在云安全管理的处理阶段，需要根据检查阶段生成的审查记录纠正管理过程中的不足，并预防可能出现的问题。改进过程需向专业人员进行咨询，即如果云安全管理体系不符合法律法规的要求，则需要咨询有经验的法律顾问或合格的法律从业人员，获取改进建议；如果不符合相关标准的要求，则需要向专门从事该标准研究工作的研究人员进行咨询；如果管理措施存在不足，则需要咨询安全管理人员或信息安全领域有经验的技术人员，根据他们的建议来改进或增加管理措施。另外，该阶段做出的所有改进措施都应有详细的记录，且该记录需要和审查记录一一对应，以便于核实改进措施是否有效。

检查是否
符合法律
要求
检查是否
符合安全
策略和标准
检查管理
措施是否
有效

图 4.33　对云安全管理体系的检查

4. 云安全管理重点领域分析

（1）全局安全策略管理。“没有规矩，不成方圆”，对云服务平台的任何一个层面进行管理时，都由相应的安全策略来规定管理目标，制约管理流程、管理方法，如果安全策略不完整、不准确或是遭到破坏，可能会使云安全管理效果大打折扣，甚至导致云安全管理体系的全盘崩溃。因此在云安全管理中，安全策略管理具有十分重要的作用。

安全策略是一个单位或组织机构用来对该单位或组织机构的所有资产的管理、保护、分配和使用进行控制的规则、指令和实践。安全策略是有效实施安全防御机制的基础，如果在没有创建安全策略、标准、指南和流程等安全防御基础的情况下制定了技术解决方案，则往往会导致安全控制机制目标不集中，效率不高。

为了确保安全策略的正确执行，每个云安全管理人员都需要了解安全策略、参与安全策略制定过程、接受关于安全策略的系统培训。安全策略的管理要注重安全策略的制定和安全策略的执行这两个方面。在制定安全策略时，需要根据法律标准的相关规定、安全需求、安全威胁来源和云服务提供商的管理能力来定义安全对象、安全状态及应对方法；要特别注意安全策略的一致性和协作性，策略之间不能相互冲突，否则会导致策略失效。另外，要进行安全策略的生命周期管理，随着技术的发展、时间的推移，安全策略要不断地进行更新和调整，保证安全策略的有效性。

云安全管理涉及许多方面，需要云安全管理的领域必然需要安全策略的支持，因此对云安全策略的管理也应从全局出发、面面俱到。云计算全局安全策略管理如图 4.34 所示。

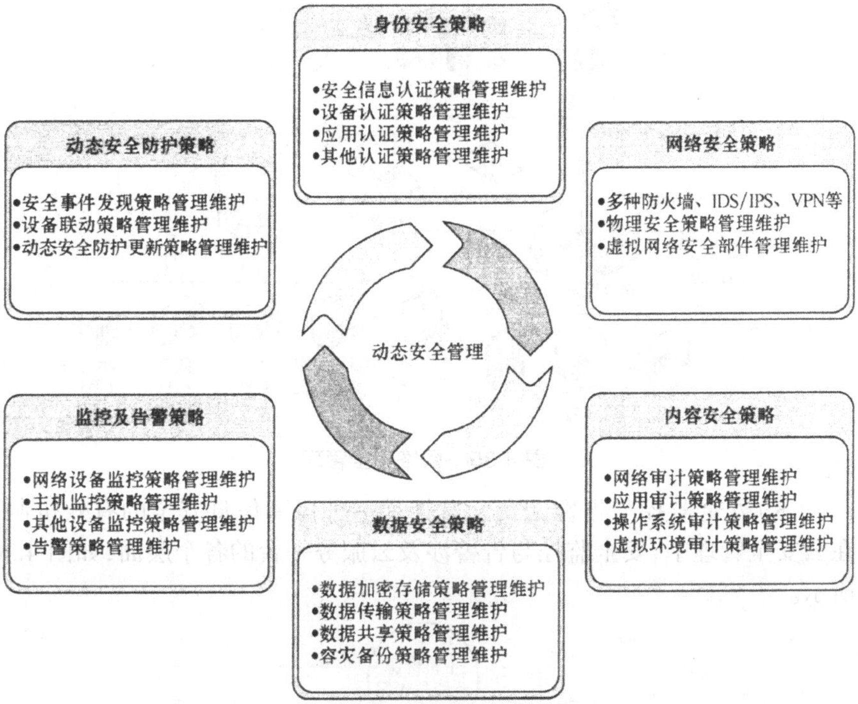
身份安全策略
•安全信息认证策略管理维护
•设备认证策略管理维护
•应用认证策略管理维护
•其他认证策略管理维护
动态安全防护策略
•安全事件发现策略管理维护
•设备联动策略管理维护
•动态安全防护更新策略管理维护
网络安全策略
•多种防火墙、IDS/IPS、VPN等
•物理安全策略管理维护
•虚拟网络安全部件管理维护
动态安全管理
监控及告警策略
•网络设备监控策略管理维护
•主机监控策略管理维护
•其他设备监控策略管理维护
•告警策略管理维护
内容安全策略
•网络审计策略管理维护
•应用审计策略管理维护
•操作系统审计策略管理维护
•虚拟环境审计策略管理维护
数据安全策略
•数据加密存储策略管理维护
•数据传输策略管理维护
•数据共享策略管理维护
•容灾备份策略管理维护

图 4.34 云计算全局安全策略管理

(2)网络安全管理。云服务中的通信网络由两部分组成,一部分为云服务平台内部的通信网络;另一部分为云服务平台和外部环境之间的通信网络。云服务平台内部的通信网络应纳入云安全管理体系中进行实时的、统一的管理;云服务平台和外部环境之间的通信网络不在云服务提供商的控制范围内,因此云服务提供商需通过访问控制、在网络接口处部署网络安全设备等措施来防止来自外部网络的非授权访问、恶意攻击等不法行为。

云平台中的网络安全管理需要侧重于对网络安全要素进行管理,在诸多网络安全要素中,网络安全策略、网络安全配置、网络安全事件和网络安全事故这四个要素最为关键。

云平台中的网络安全管理要依赖于大量的防火墙、IDS/IPS、VPN 系统等网络安全设备来进行,但由于这些设备来自不同的厂商,没有统一的标准接口,无法进行信息交流,安全设备之间无法实现协作,不能形成安全联动机制,不能提供统一的预警、自动响应等功能,这极大地降低了网络安全管理的效果。因此网络安全管理员需要建立一个规范的网络安全管理平台,对各种安全设备进行统一管理,如图 4.35 所示。

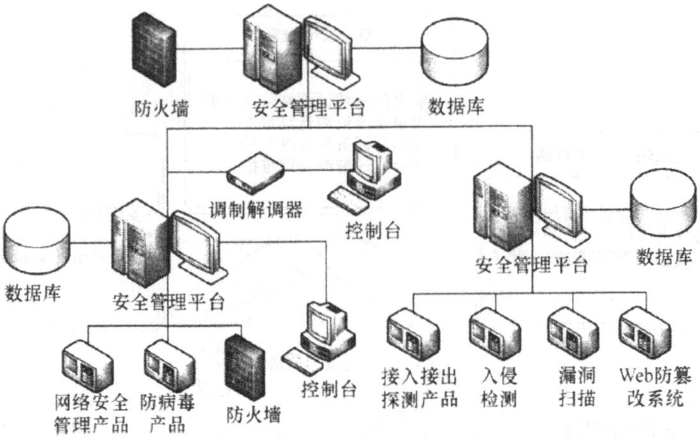
防火墙
安全管理平台
数据库
调制解调器
控制台
安全管理平台
数据库
数据库
安全管理平台
控制台
网络安全管理产品
防病毒产品
防火墙
接入接出探测产品
入侵检测
漏洞扫描
Web防篡改系统

图 4.35　网络安全管理

（3）安全监控与告警。安全监控是一种保障信息安全的有效机制。在云安全管理中，安全监控与告警涉及云服务平台的各个层面，如图 4.36 所示。

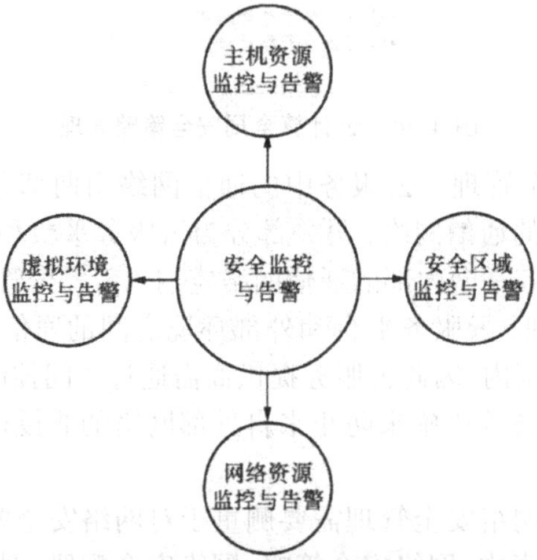
主机资源监控与告警
虚拟环境监控与告警
安全监控与告警
安全区域监控与告警
网络资源监控与告警

图 4.36　安全监控与告警

（4）人员管理。信息安全人员对于一个企业的信息安全来说非常关键，某些情况下会造成重大威胁。从保障信息安全的角度而言，任何企业中的人员管理都是不可忽视的一项重要工作。

在云服务中，大量用户的海量数据都存储在云服务提供商处，对于云安全来说，人员管理显得更加重要。如图 4.37 所示为对不同阶段人员的管理。

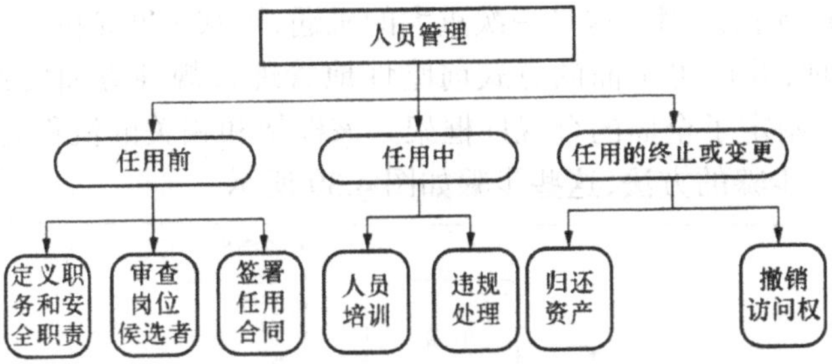
人员管理
任用前
任用中
任用的终止或变更
定义职务和安全职责
审查岗位候选者
签署任用合同
人员培训
违规处理
归还资产
撤销访问权

图 4.37　人员管理

（5）业务连续性管理。很多考虑使用云应用的组织都在问有关服务可用性和弹性的问题。在云环境中托管应用程序并存储数据，这种做法可提供全新的服务可用性及弹性选项，以及数据的备份和还原选项。业务连续性管理规程使用业界领先的实践创建并采纳这一领域的能力，以解决微软云环境中新发布的应用程序的相关问题。

要了解所有资源，即人员、设备，以及系统，往往需要执行某项任务或流程，这对于发生灾难后相关规划的创建工作是至关重要的。如果遭受损失，那么最大的风险就是规划的复查、维护，以及测试工作方面遇到问题，因此该规程并不仅仅是简单地进行数据的还原。业务连续性管理规范流程如图 4.38 所示。

（6）操作合规性管理规程。除了微软自己的业务规范，微软的联机服务环境必须满足不同的政府制度和业界约定的安全需求。随着微软联机业务的持续增长和变动，微软云中经常会出现新的联机服务，并且会出现额外的需求，要求云必须满足特定地区或特定国家的数据安全标准。操作合规性团队将横跨运维、产品，及服务交付团队展开工作，并与内部和外部的审计人员配合，以确保微软符合相关标准和规章制度的要求。下面简要描述微软云环境目前符合的一些审计和评估基础。

1）金融卡业界的数据安全标准：要求对与信用卡交易有关的安全控制进行年度性的审查和验证。

2）媒体分级委员会：与广告系统数据的生成和处理的完整性有关。

3）萨班斯奥克斯利法案：对所选系统进行年度审计，以验证与财务报表完整性有关的关键流程的合规性。

4）健康保险可携带性和责任法案：为医疗档案的电子化存储指定隐私、安全，及灾难恢复指导。

5）内部审计和隐私评估：在特定年份的全年进行评估。

要满足上述所有审计义务，对于微软来说是一个巨大的挑战。通过详细了解相关需求，微软发现很多审计和评估都要求对相同的运维控制和流程进行评估。因此这是一次重大的机遇,可减少冗余的工作,让整个流程更合理,并用更全面的方式前瞻性地管理合规性方面的预期结果。随后 OSSC 制定了全面的合规性框架。该框架和相关的流程完全基于一种分为 5 个步骤的方法,这些步骤如图 4.39 所示。

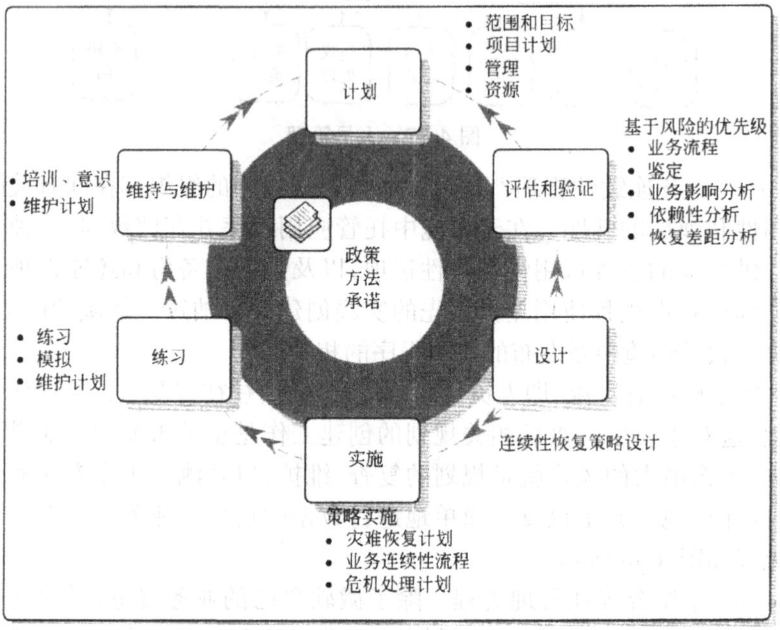

范围和目标
项目计划
管理
资源
计划
基于风险的优先级
业务流程
鉴定
业务影响分析
依赖性分析
恢复差距分析
评估和验证
培训、意识
维护计划
维持与维护
政策
方法
承诺
练习
模拟
维护计划
练习
设计
连续性恢复策略设计
实施
策略实施
灾难恢复计划
业务连续性流程
危机处理计划

图 4.38 业务连续性管理规范流程图

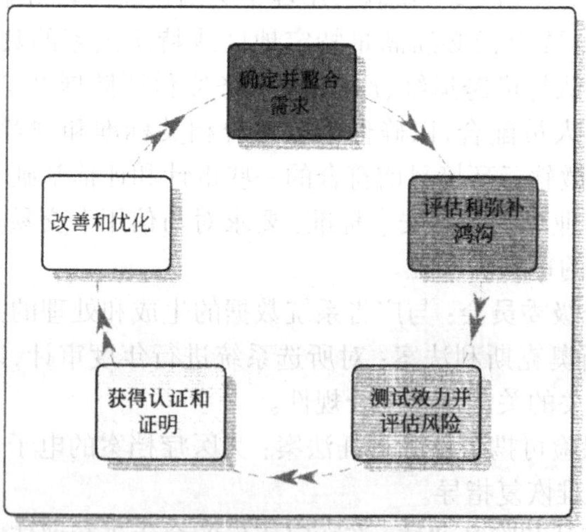

确定并整合需求
评估和弥补鸿沟
测试效力并评估风险
获得认证和证明
改善和优化

图 4.39 全面的合规性框架流程

5. 云安全体系架构

当务之急，解决云计算安全问题应针对威胁，建立一个综合性的云计算安全框架，并积极开展其中各个云安全的关键技术研究。云计算安全技术框架如图 4.40 所示，为实现云用户安全目标提供技术支撑。

云用户的安全目标
云数据安全和隐私保护
云安全管理
用户定制的安全对象
云应用程序服务
云安全应用程序服务
云个人工作台服务
云娱乐服务
云地图服务
云的电子商务服务
云反价值服务
云网络安全监控服务
云垃圾电子邮件处理服务
DDOS攻击警告服务
云基础服务
云基本安全服务
云操作系统服务
云搜索服务
云开发平台服务
云数据管理服务
云身份验证服务
云授权服务
云加密服务
云审计服务
云基础设施服务
普通的云基础设施
多级安全云基础设施
高水平的安全云基础设施
云计算安全标准体系
云安全对象评价
云服务功能评价
云服务安全分类评价

图 4.40　云计算安全技术框架

云计算应用安全体系的主要目标是实现云计算应用及数据的机密性、完整性、可用性和隐私性等。这里对云计算应用安全体系的阐述分析重点是从云计算安全模块和支撑性基础设施建设这两个角度进行的，如图 4.41 所示。

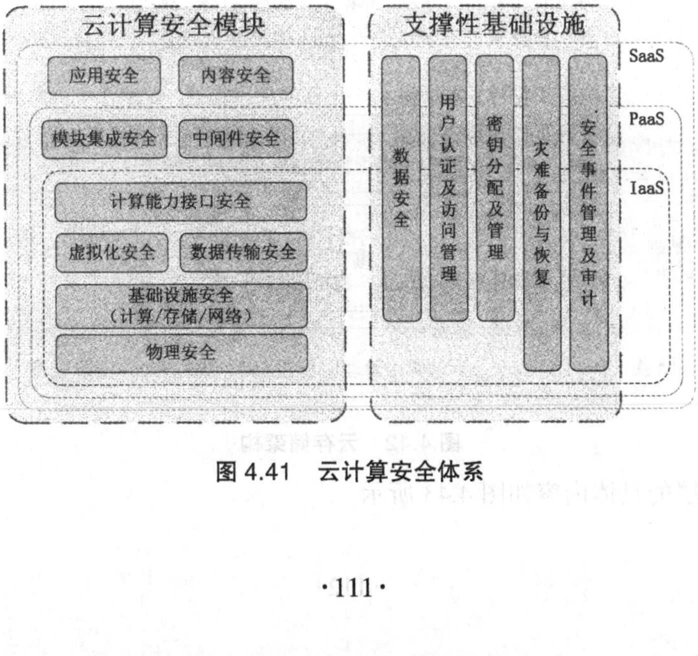
云计算安全模块
支撑性基础设施
SaaS
PaaS
IaaS
应用安全
内容安全
模块集成安全
中间件安全
计算能力接口安全
虚拟化安全
数据传输安全
基础设施安全（计算/存储/网络）
物理安全
数据安全
用户认证及访问管理
密钥分配及管理
灾难备份与恢复
安全事件管理及审计

图 4.41　云计算安全体系

4.5.2 云存储

1. 云存储的概念

云存储迄今为止还没有一个标准的定义，它是伴随云计算衍生出来的，是一种新兴的网络存储技术。云存储是云计算技术的重要组成部分，也是云计算重要应用之一。目前，业界对云存储已达成共识，即云存储不仅是数据信息存储的新技术、新设备模型，也是一种服务的创新模型。云存储是通过网络技术、分布式文件系统、服务器虚拟化、集群应用等技术将网络中海量的异构存储设备构成可弹性扩展、低成本、低能耗的共享存储资源池，并提供数据存储访问、处理功能的系统服务。用户无须了解存储设备的物理位置、型号、容量、接口和传输协议等。

云存储在服务架构方面，包含了云计算三层服务架构的技术体系。云存储服务在 IaaS 层为用户提供了数据存储、归档、备份的服务，在 PaaS 层为用户提供了各种不同的类型文件及数据库服务。作为云存储在 SaaS 层的使用，涉及的内容相当丰富和广泛，如我们熟悉的云盘、照片及文档的保存与共享、在线音视频、在线游戏等。

2. 云存储系统结构模型

云存储系统的结构模型主要包括四个部分，即存储层、基础管理层、应用接口层及访问层，如图 4.42 所示。

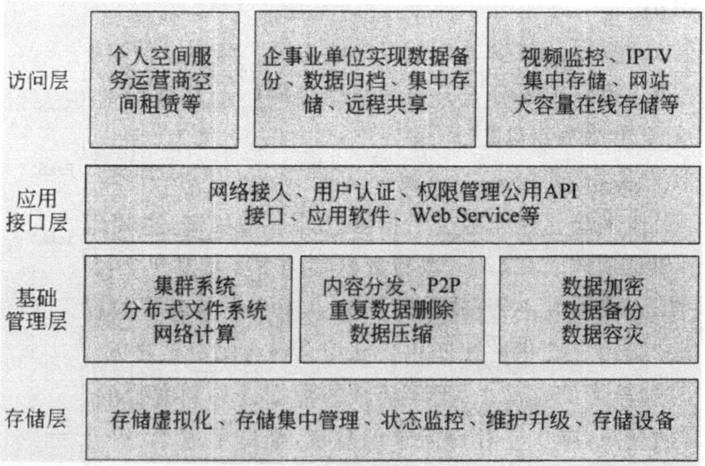
访问层
个人空间服务运营商空间租赁等
企事业单位实现数据备份、数据归档、集中存储、远程共享
视频监控、IPTV集中存储、网站大容量在线存储等
应用接口层
网络接入、用户认证、权限管理公用API接口、应用软件、Web Service等
基础管理层
集群系统
分布式文件系统
网络计算
内容分发、P2P
重复数据删除
数据压缩
数据加密
数据备份
数据容灾
存储层
存储虚拟化、存储集中管理、状态监控、维护升级、存储设备

图 4.42 云存储架构

各层的具体内容如图 4.43 所示。

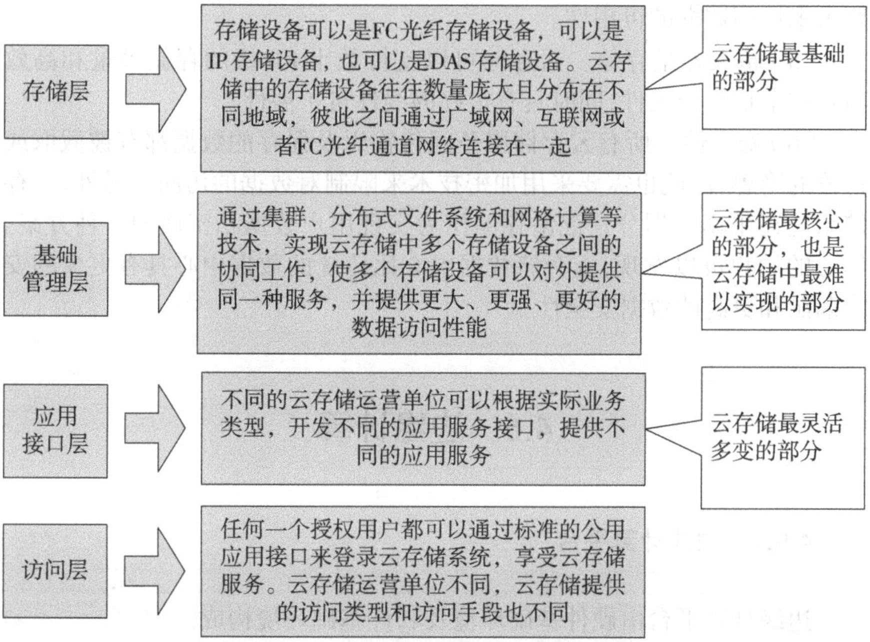
存储层
存储设备可以是FC光纤存储设备，可以是IP存储设备，也可以是DAS存储设备。云存储中的存储设备往往数量庞大且分布在不同地域，彼此之间通过广域网、互联网或者FC光纤通道网络连接在一起
云存储最基础的部分
基础管理层
通过集群、分布式文件系统和网格计算等技术，实现云存储中多个存储设备之间的协同工作，使多个存储设备可以对外提供同一种服务，并提供更大、更强、更好的数据访问性能
云存储最核心的部分，也是云存储中最难以实现的部分
应用接口层
不同的云存储运营单位可以根据实际业务类型，开发不同的应用服务接口，提供不同的应用服务
云存储最灵活多变的部分
访问层
任何一个授权用户都可以通过标准的公用应用接口来登录云存储系统，享受云存储服务。云存储运营单位不同，云存储提供的访问类型和访问手段也不同

图 4.43 云存储系统中不同层次的内容

3. 云存储的特点

（1）低成本。云存储最大的特点就是可以为中小企业降低成本，降低企业因需要服务器存储数据而专门购买昂贵的硬件和软件成本。与此同时，企业还节省了一大笔劳务开销，如聘请专业的 IT 人士来管理、维护和更新这些硬件和软件。

（2）服务模式。云存储不仅是一个采用集群式的分布式架构，还是一个通过硬件和软件虚拟化而提供的一种存储服务，其亮点之一就是按需使用、按量付费。企业或个人只需购买相应的服务就可把数据存储到云计算数据中心，而无须去购买并部署这些硬件设备来完成数据的存储。

（3）可动态伸缩性。存储系统的动态伸缩性主要指的是读 / 写性能和存储容量的扩展与缩减。一个设计良好的云存储系统可以在系统运行过程中简单地通过添加或移除节点来自由扩展和缩减，并且这些操作对用户来说都是透明的。

（4）高可用性。云存储方案中包括多路径、控制器、不同光纤网、端到端的架构控制 / 监控和成熟的变更管理过程，从而大大提高了云存储的可用性。此外，还可以在满足 CAP 理论下，适当放松对数据一致性的要求来提高数据的可用性。

（5）超大容量存储。云存储可以支持数十PB级的存储容量和高效地管理上百亿个文件，同时具有很好的线性可扩展性。

（6）安全性。所有云存储服务间传输以及保存的数据都有被截取或篡改的隐患，因此也需要采用加密技术来限制对数据的访问。另外，云存储系统还采用数据分片混淆存储作为实现用户数据私密性的一种方案。细心的用户可以发现，云存储数据中心比传统的数据中心具有更少的安全漏洞和更高的数据安全性。

4.6 边缘计算

4.6.1 边缘计算平台

边缘计算平台由硬件基础环境及软件基础环境构成。

在硬件基础环境方面，边缘计算平台由于存在和BBU在同一个站址部署的需要，因此它必须适应相对恶劣的工作环境（例如室外环境），符合一定的网络设备构建系统（Network Equipment Building System，NEBS）要求。为了在相对有限的空间内提供一定的IaaS支撑能力，边缘计算平台应提供高密度的计算、存储及网络连接能力。为了控制建设成本，边缘计算平台应基于商用硬件现成品或成熟的硬件标准进行构建。

在软件基础环境方面，边缘计算平台可基于现有的云计算平台（如OpenStack）构建，从而实现一个用于业务编排及部署的操作平台，第三方应用可在此平台上利用虚拟计算及存储能力进行业务交付。边缘云计算平台应至少给用户提供基础设施即服务，从而支持以下特性。

· 允许第三方注册建立并提供云端计算服务，并能查看使用情况及账单。
· 允许第三方创建和存储自定义的镜像。
· 允许第三方启动、监控及停止虚拟机实例。
· 允许平台管理人员配置和操作云基础设施。

随着用户对提高计算响应能力及降低延迟需求的增加，传统集中化部署的计算及存储等IT能力开始超越标准的数据中心向网络边缘分散，以更接近用户，这带来了单机柜微型数据中心的出现。另外，随着智能手机的广泛普及，其计算及存储能力总量将超过全球服务器能力的总和，因此基于智能终端设备的计算平台也开始出现在网络边缘。边缘计算平台是一种结合了微型数据中心及智能终端的新型计算平台，它需要引入新的计算技术来利用位置高度分散且动态的计算资源及能力。

4.6.2 移动边缘计算

移动边缘计算（MEC，Mobile Edge Computing）技术是5G的使能技术之一，MEC通过为无线接入网提供IT和云计算能力，使业务本地化、近距离部署成为可能，从而促使无线网络具备低时延、高带宽的传输能力，并且回传带宽需求的降低极大程度减少了运营成本。同时，MEC通过感知无线网络上下文信息（位置、网络负荷、无线资源利用率等）并向业务应用开放，可有效提升用户的业务体验，并且为创新型业务的研发部署提供平台，如图4.44所示。

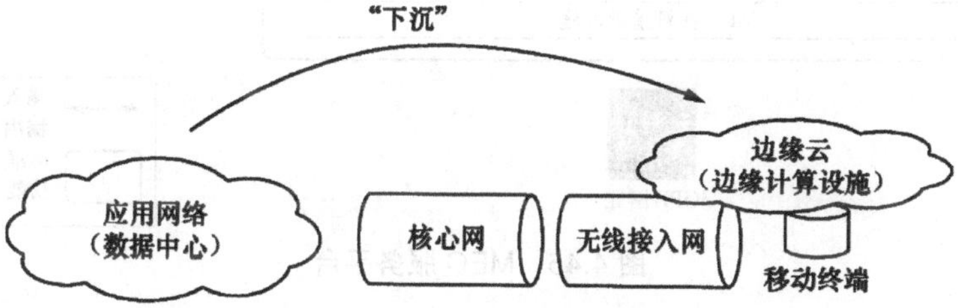
"下沉"
边缘云
（边缘计算设施）
应用网络
（数据中心）
核心网
无线接入网
移动终端

图4.44 移动边缘计算的概念

1. 移动边缘计算平台

MEC平台提供了计算资源、存储容量、网络连接线，并且可以获取用户业务流和无线网络状态信息。MEC平台的能力决定着移动边缘计算的实现。ETSI于2014年发表了移动边缘计算白皮书。MEC服务平台如图4.45所示。

ETSI的MEC服务平台主要包含MEC托管基础设施层、MEC应用平台层以及MEC应用层，分别具有不同的功能（图4.46）。

2. 移动边缘计算关键技术

MEC为应用程序开发者和内容提供者提供云计算能力和移动边缘网络的IT服务环境，以实现超低时延、高带宽、实时性的网络信息访问，它涉及的关键技术具体如图4.47所示的几类。

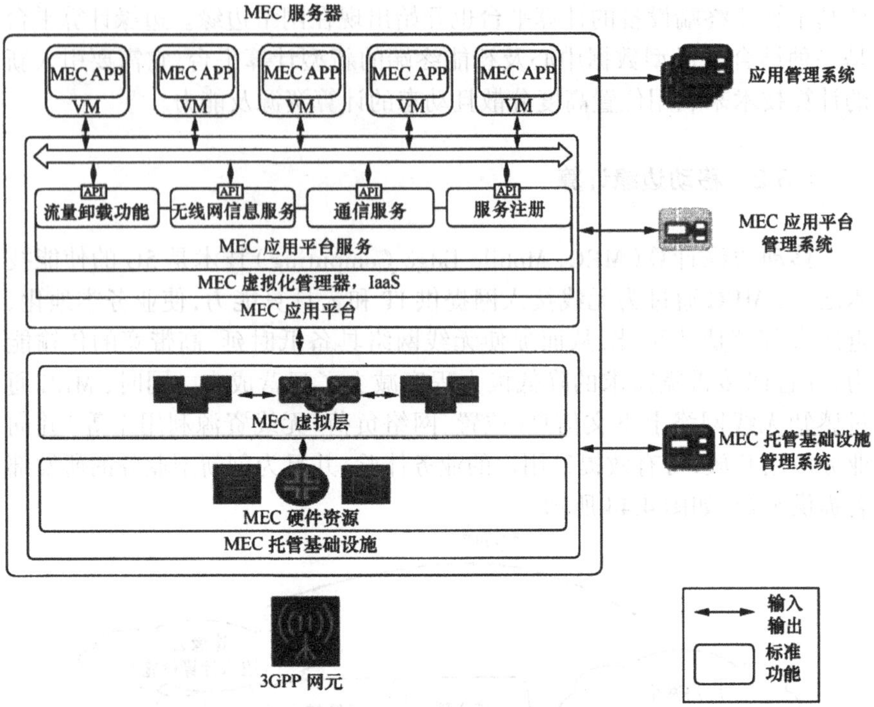
MEC 服务器
MEC APP
VM
MEC APP
VM
MEC APP
VM
MEC APP
VM
MEC APP
VM
应用管理系统
API
API
API
API
流量卸载功能
无线网信息服务
通信服务
服务注册
MEC 应用平台服务
MEC 应用平台
管理系统
MEC 虚拟化管理器，IaaS
MEC 应用平台
MEC 虚拟层
MEC 托管基础设施
管理系统
MEC 硬件资源
MEC 托管基础设施
3GPP 网元
输入
输出
标准
功能

图 4.45　MEC 服务平台

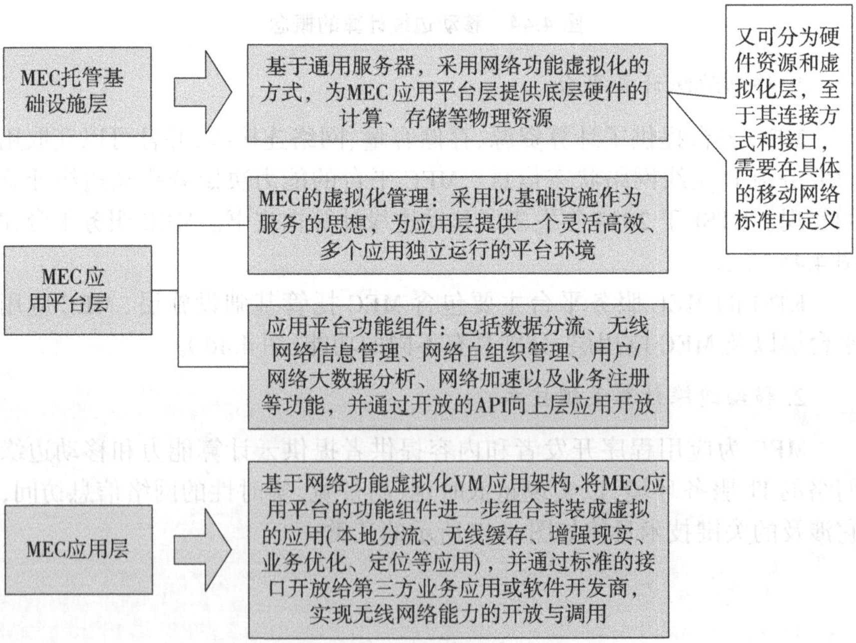
MEC托管基础设施层
基于通用服务器，采用网络功能虚拟化的方式，为MEC应用平台层提供底层硬件的计算、存储等物理资源
又可分为硬件资源和虚拟化层，至于其连接方式和接口，需要在具体的移动网络标准中定义
MEC应用平台层
MEC的虚拟化管理：采用以基础设施作为服务的思想，为应用层提供一个灵活高效、多个应用独立运行的平台环境
应用平台功能组件：包括数据分流、无线网络信息管理、网络自组织管理、用户/网络大数据分析、网络加速以及业务注册等功能，并通过开放的API向上层应用开放
MEC应用层
基于网络功能虚拟化VM应用架构，将MEC应用平台的功能组件进一步组合封装成虚拟的应用(本地分流、无线缓存、增强现实、业务优化、定位等应用)，并通过标准的接口开放给第三方业务应用或软件开发商，实现无线网络能力的开放与调用

图 4.46　不同层次的功能

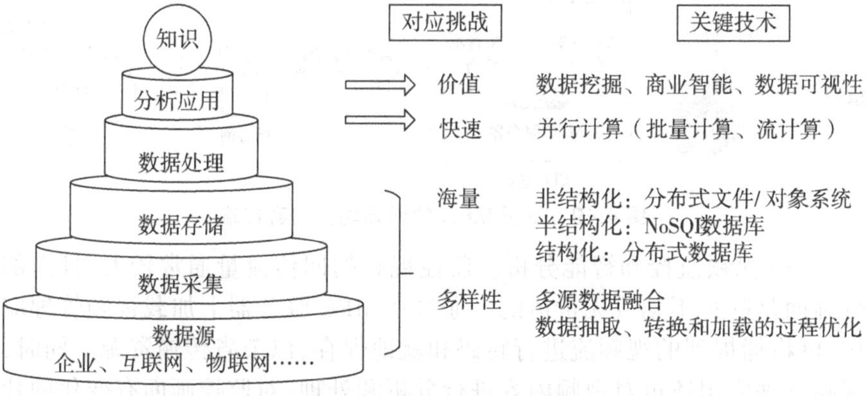
知识
分析应用
数据处理
数据存储
数据采集
数据源
企业、互联网、物联网……
对应挑战
关键技术
价值
数据挖掘、商业智能、数据可视性
快速
并行计算（批量计算、流计算）
海量
非结构化：分布式文件/对象系统
半结构化：NoSQI数据库
结构化：分布式数据库
多样性
多源数据融合
数据抽取、转换和加载的过程优化

图 4.47　移动边缘计算关键技术

3.MEC 应用场景

MEC 技术的应用场景非常丰富，这里选择比较常见的几类进行介绍。

（1）活动设备定位追踪。在该场景下，通过驻留在 MEC 服务器中的第三方地理位置定位应用，以及相对最优的地理定位算法，可以基于网络测量实现对激活态终端设备的实时定位跟踪，如图 4.48 所示。在 GPS 覆盖信号微弱或不可达的区域，MEC 通过对本地测量报告的处理和基于事件的触发器，为企业用户及个人经营或获取各种基于地理位置的业务，提供一个高效、可规模化部署应用的解决方案。这体现了其商业价值。

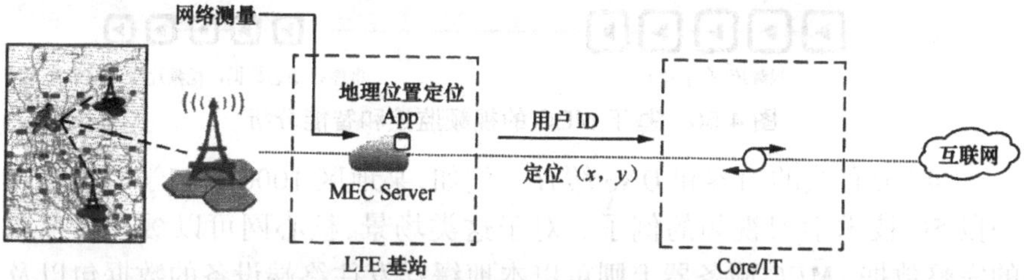
网络测量
地理位置定位
App
MEC Server
用户 ID
定位（x，y）
互联网
LTE 基站
Core/IT

图 4.48　基于 MEC 的活动设备定位追踪

（2）增强现实内容传输。在现有的 AR 解决方案中，智能终端上的 AR 程序可以在摄像头拍摄的视野上叠加增强现实的内容，但受限于终端的内存、电量和存储容量，AR 不能更好地发展。MEC 平台通过本地目标追踪和增强现实内容缓存，实现了本地实景和 AR 内容频道的实时聚合，如图 4.49 所示。通过这类基于位置的 AR 内容的快速灵活部署和发现，可构成 MEC 全新的就近内容提供和广告商业模式。

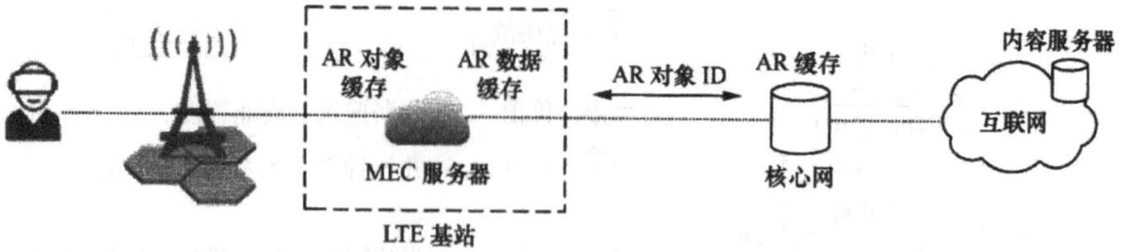
AR 对象
缓存
AR 数据
缓存
MEC 服务器
LTE 基站
AR 对象 ID
AR 缓存
核心网
内容服务器
互联网

图 4.49　基于 MEC 的增强现实内容传输

（3）视频监控和智能分析。监控视频的回传流量通常较大，且大部分画面是静止不动或无价值的。通过在 MEC 服务器上加载视频管理应用，可将捕捉到的视频流进行转码和就地保存，以节省传输资源。同时，视频管理应用还可对视频内容进行分析和处理，对监控画面有变化的片段或出现预配置事件的片段进行回传，如图 4.50 所示。该应用场景适用于公共安全（如防盗监控、人流密集场所安保）和智慧城市（如车牌检测）等。

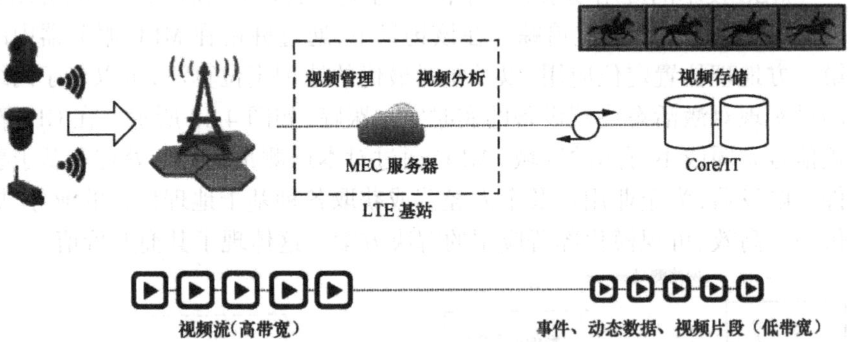
视频管理
视频分析
MEC 服务器
LTE 基站
视频存储
Core/IT
视频流（高带宽）
事件、动态数据、视频片段（低带宽）

图 4.50　基于 MEC 的视频监控和智能分析

（4）分布式的内容和 DNS 缓存。例如，某地区 1000 名初学者观看同一段 5G 技术学习视频的例子。对于这类场景，核心网可以缓存内容源的完整数据，MEC 服务器上则可以本地缓存发往终端设备的数据包以及 DNS 响应，从而节省回程，避免传输带宽的浪费，并且提高 QoE。据测算，在 MEC 服务器上进行内容缓存，所节省的回程线路容量最高可达 35%，页面下载时间缩短最高可达 20%。部署案例如图 4.51 所示。

（5）车联网应用。未来车联网的应用对于超低时延提出了更高的要求。通过 5G 蜂窝网络和 MEC 车联平台的本地计算，可大幅度降低现网的端到端时延，在紧急情况下发送告警等辅助驾驶信息给车载单元 OBU，以实现紧急制动等应急操作。这对于减少交通事故、降低公共和个人财产损失都是非常重要的。

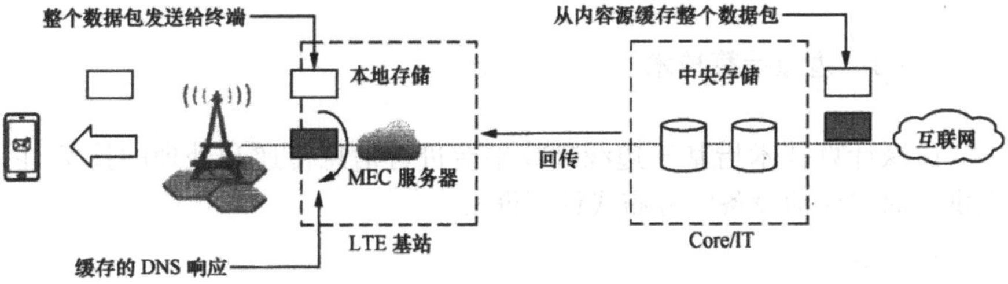
整个数据包发送给终端
从内容源缓存整个数据包
本地存储
中央存储
MEC 服务器
回传
互联网
LTE 基站
Core/IT
缓存的 DNS 响应

图 4.51　基于 MEC 的分布式内容缓存

通过 MEC 车联网平台，还可以部署行车路径优化、行车和停车引导、安全辅助信息推动等增值服务，创造新的商业机会和新的价值链。基于 MEC 的车联网平台如图 4.52 所示。

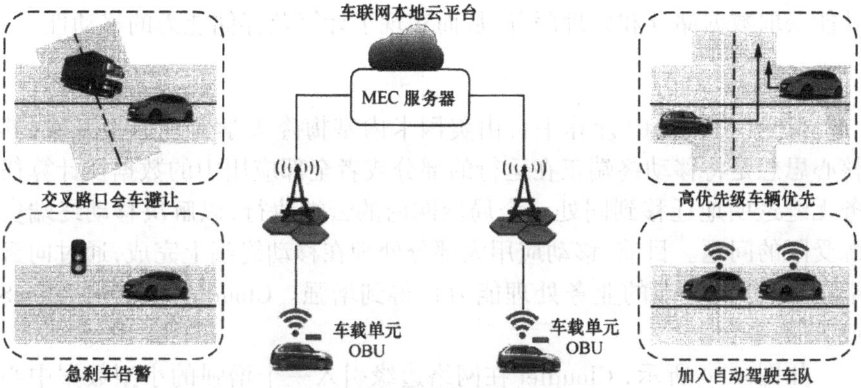
车联网本地云平台
MEC 服务器
交叉路口会车避让
高优先级车辆优先
急刹车告警
车载单元
OBU
车载单元
OBU
加入自动驾驶车队

图 4.52　基于 MEC 的车联网平台

（6）工业控制。目前多数厂区 / 园区均使用 Wi-Fi 实现无线接入，在业务连续性、抗干扰、信道利用率、安全认证等方面无法得到很好的保障，难以满足工业需求。通过 5G 蜂窝网络和 MEC 本地工业化平台，可实现机器类通信产生的数据的实时分析和本地分流，从而实现工业自动化生产，如图 4.53 所示。基于 MEC 的工业控制方案，由于无须经传统核心网处理，可直接本地处理，因此，它具有时延小、可靠性好、安全性高等优势。

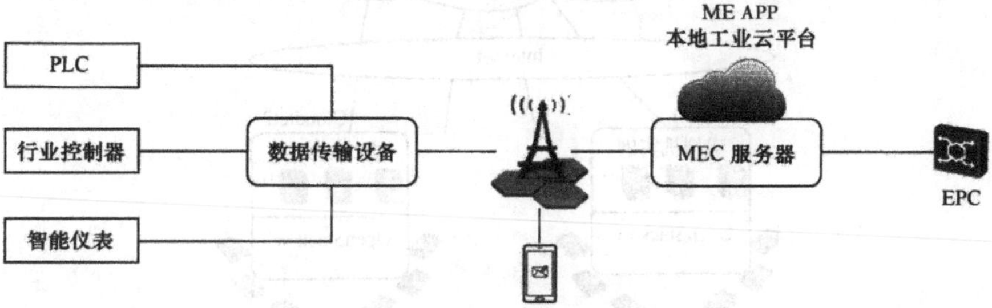
ME APP
本地工业云平台
PLC
行业控制器
智能仪表
数据传输设备
MEC 服务器
EPC

图 4.53　基于 MEC 的工业控制方案

4.6.3 边缘计算技术

边缘计算技术指基于边缘计算平台进行信息传递和处理的技术，它提供了面向移动设备的分布式计算框架。

1. 微云

微云（Micro Cloud）概念由美国卡内基梅隆大学的 Hyrax 项目提出，它将 Hapdoop 运行框架移植到 Android 手机上，通过多台 Android 手机实现了相互协作式的数据分布式存储和处理。在这种模式下，移动设备成了云平台硬件环境的一个组成部分，用户无须接入集中式的数据中心就能获取数据储存和处理服务，从而实现了计算及存储能力的移动性。

2. 薄云

薄云（Cloudlet）计算平台由美国卡内基梅隆大学实现原型开发，其核心思想是将移动终端正在运行的部分或者全部应用中的数据及计算任务无缝透明地迁移到同处一个局域网内的云端执行，以解决移动终端资源受限的问题。目前，移动应用大部分处理在移动终端上完成，通过向云端扩展，移动终端的业务处理能力将得到增强。Cloudlet 可被视为 IaaS 或 PaaS 平台。

如图 4.54 所示，Cloudlet 在网络边缘引入一个增强的小型数据中心（Data Center in a Box），提供强大的计算资源，帮助移动设备在更低的延迟条件下运行资源密集型的交互性应用。它扩展了现有的云计算基础设施，引入了中间层云设施，实现了一种新型的层次化计算平台结构：移动设备—Cloudlet—云。

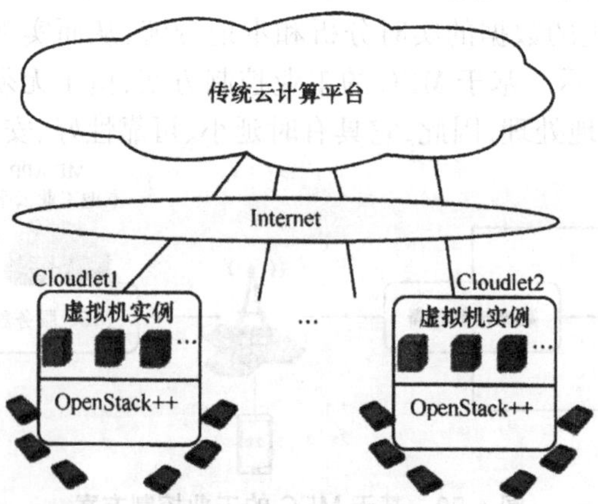
传统云计算平台
Internet
Cloudlet1
Cloudlet2
虚拟机实例
...
OpenStack++
虚拟机实例
...
OpenStack++
...

图 4.54　Cloudlet 系统结构

3. 雾计算

雾计算概念于 2011 年提出，其主要目的是将计算任务分散在计算能力较弱且分布零散的设备上。雾计算是介于云计算和个人计算之间的，半虚拟化的服务计算架构模型，以小型云设施为主，强调通过发挥数量优势，将计算能力弱的单个节点整合起来，提升整体计算能力。

雾计算扩大了云计算的工作模式，它基于计算节点的工作负载和设备能力，使计算更加接近网络边缘，这给传统的基于封闭式系统及中心化云平台的计算模型带来变化，但并不会取代传统云计算，而是作为补充和扩展。雾计算将数据处理及存储转移至网络边缘设备，更依赖本地设备交付业务，而不是完全依赖集中化云设施中的服务器。因此雾计算可有效减少网络流量，减轻数据中心的计算负荷，消除数据传输带来的瓶颈。

称“雾节点”的设备被部署于网络各处，如厂房、电力设备架、车辆或钻井平台等。任何具备计算、存储及网络连接能力的设备都可称为“雾节点”，如工业控制器、交换机及视频监控装置等。开发人员需要基于特定的雾计算框架在这些设备上编写物联网应用程序以使其具备雾计算能力。距网络边缘最近的雾节点从其他设备处摄取数据，然后根据业务需求将数据导入不同的位置进行分析处理。

雾计算有下列特征：地理分布广泛，低时延，具备位置感知能力，适应移动应用并支持更多的边缘节点。上述特征使得基于雾计算框架生成的移动业务在部署上更为简便，能够适应更广泛的节点接入。因此，雾计算也特别适用于大规模物联网的应用。

4.7 大数据处理技术体系

随着云计算技术的出现和计算能力的不断提高，人们从数据中提取价值的能力也在显著提高。数据在类型、深度与广度等方面都在飞速地增长着，给当前的数据管理和数据分析技术带来了重大挑战。一个典型的大数据处理系统主要包括数据源、数据采集、数据存储、数据处理、分析应用和数据展现等。

4.7.1 数据采集技术

大数据采集一般分为大数据智能感知层，主要包括数据传感体系、网络通信体系、传感适配体系、智能识别体系及软硬件资源接入系统，实现对结构化、半结构化、非结构化的海量数据的智能化识别、定位、跟踪、接入、传输、信号转换、监控、初步处理和管理等。必须着重攻克针对大数据源的智能识别、感知、适配、传输、接入等技术。重点攻克分布式虚拟存储技术，大数据获取、存储、组织、分析和决策操作的可视化接口技术，大数据的网络传输与压缩技术，大数据隐私保护技术，等等。

4.7.2 数据存储技术

大数据时代首先需要解决的问题就是数据的存储问题，除了传统的结构化数据，大数据面临更多的是非结构化数据和半结构化数据存储需求。非结构化数据主要采用分布式文件系统或对象存储系统进行存储，如开源的 HDPS（Hadoop Distributed File System）、Lustre、GlusterFS 和 Ceph 等分布式文件系统可以扩展至 10PB 级甚至 100PB 级。半结构化数据主要使用 NoSQL 数据库存放，结构化数据仍然可以存放在关系型数据库中。

4.7.3 数据处理技术

在大数据时代，数据处理需要满足如下几个重要特性，即高度可扩展性、高性能、较低成本、高容错性、易用且开放接口、向下兼容等。

数据仓库是处理传统企业结构化数据的主要手段，其在大数据时代产生了三个变化：①数据量，由 TB 级增长至 PB 级，并仍在继续增加；②分析复杂性，由常规分析向深度分析转变，当前企业不仅满足对现有数据的静态分析和监测，更希望能对未来趋势有更多的分析和预测，以增强企业竞争力；③硬件平台，传统数据库大多是基于小型机等硬件构建，在数据量快速增长的情况下，成本会急剧增加，大数据时代的并行仓库更多是转向通用 x86 服务器构建。首先，传统数据仓库在处理过程中需要进行大量的数据移动，在大数据时代代价过高；其次，传统数据仓库不能快速适应变化，对于大数据时代处于变化的业务环境，其效果有限。

为了应对海量非（半）结构化数据的处理需求，以 MapReduce 模型为代表的开源 Hadoop 平台几乎成为非（半）结构化数据处理的事实标准。当前开源 Hadoop 及其生态系统已日益成熟，大大降低了数据处理的技术门槛，如图 4.55 所示。基于廉价硬件服务器平台，可以大大降低海量数据处理的成本。

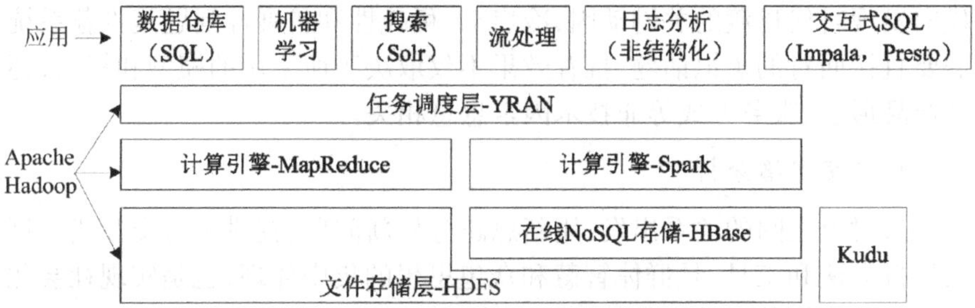
应用
数据仓库（SQL）
机器学习
搜索（Solr）
流处理
日志分析（非结构化）
交互式SQL（Impala，Presto）
任务调度层-YRAN
Apache Hadoop
计算引擎-MapReduce
计算引擎-Spark
在线NoSQL存储-HBase
Kudu
文件存储层-HDFS

图 4.55　Hadoop 生态系统示意图

4.7.4　数据分析技术

大数据分析技术最近几年获得了很大的进展，包括改进已有数据挖掘算法和机器学习技术；开发数据网络挖掘、特异群组挖掘、图挖掘等新型数据挖掘技术；突破基于对象的数据连接、相似性连接等大数据融合技术；突破用户兴趣分析、网络行为分析、情感语义分析等面向领域的大数据挖掘技术。

4.7.5　数据挖掘技术

数据挖掘就是从大量的、不完全的、有噪声的、模糊的、随机的实际应用数据中，提取隐含在其中的、人们事先不知道的但又是潜在有用的信息和知识的过程。大数据时代数据挖掘主要包括并行数据挖掘、搜索引擎技术、推荐引擎技术和社交网络分析等。

1. 并行数据挖掘

挖掘过程包括预处理、模式提取、验证和部署四个步骤，对于数据和业务目标的充分理解是做好数据挖掘的前提，需要借助 MapReduce 计算架构和 HDFS 存储系统完成算法的并行化和数据的分布式处理。

2. 搜索引擎技术

可以帮助用户在海量数据中迅速定位到需要的信息，只有理解了文档和用户的真实意图，做好内容匹配和重要性排序，才能提供优秀的搜索服务，需要借助 MapReduce 计算架构和 HDFS 存储系统完成文档的存储和倒排索引的生成。

3. 推荐引擎技术

帮助用户在海量信息中自动获得个性化的服务或内容，其是搜索时代向发现时代过渡的关键动因，冷启动、稀疏性和扩展性问题是推荐系统需要直接面对的永恒话题，推荐效果不仅取决于所采用的模型和算法，还与产品形态、服务方式等非技术因素息息相关。

4. 社交网络分析

从对象之间的关系出发，用新思路分析新问题，提供了对交互式数据的挖掘方法和工具，是群体智慧和众包思想的集中体现，也是实现社会化过滤、营销、推荐和搜索的关键性环节。

4.7.6 大数据隐私安全

大数据处理中涉及许多个人隐私信息，大数据时代的数据隐私安全比以往更重要，技术人员需要保证合法合理地使用数据，避免给用户带来困扰。当前业界云安全联盟（Cloud Security Alliance，CSA）已经成立了大数据工作组，并将开展相关工作寻找针对数据中心安全和隐私问题的解决方案。该工作组有四个目标：第一，建立对大数据安全和隐私保护的优秀实践；第二，帮助行业和政府采用数据安全和隐私保护技术来开展实践；第三，与标准组织建立联系，影响和推动大数据安全和隐私标准的制定；第四，促进数据安全和隐私保护方面的创新技术和方法研究等。工作组计划在六个主题上提供研究和指导，包括数据规模加密、云基础设施、安全数据分析、框架和分类、政策和控制以及隐私等。

第 5 章　物联网典型应用

物联网前景非常广阔，它将极大地改变目前的生活方式。物联网规模的发展需要与智能化系统化产业融合，从这些智能化产业的应用可以看出物联网其实早已默默来到我们的生产和生活中。当然它还将继续高调强攻，迅速渗透，物联网的应用将无所不在。

5.1　智能电网应用

智能电网是指以双向数位科技建立的输电网络，用来传送电力。它可以通过侦测电力供应者的电力供应状况以及一般家庭使用者的电力使用状况，调整家电用品的耗电量，以此达到节约能源、降低损耗、增强电网可靠性的目的。

事实上，智能电网融合了信息技术、通信技术、数据融合与挖掘技术、分布式电源技术、集散控制技术、环境感知技术等多学科领域，形成了市场、运营机构、服务机构、发电厂、输电部门、配电所及用户（包括企业与家庭用户）之间的双向互动（图 5.1）。

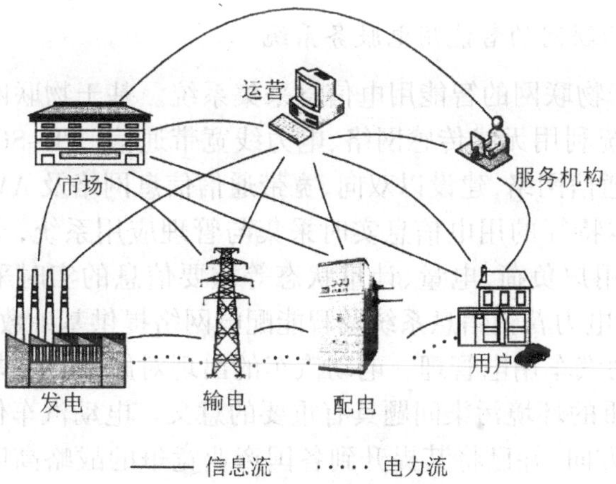
运营
市场
服务机构
发电
输电
配电
用户
—— 信息流　…… 电力流

图 5.1　智能电网互操作模型

5.1.1 智能电网体系架构

电网智能化的基础是信息交互，借用美国标准技术委员会（NIST）智能电网工作组发布的智能电网信息的描述，可用图 5.2 描述智能电网信息交互的模型。共分为七大领域：用户、市场、服务机构、运营、发电、输电和配电。

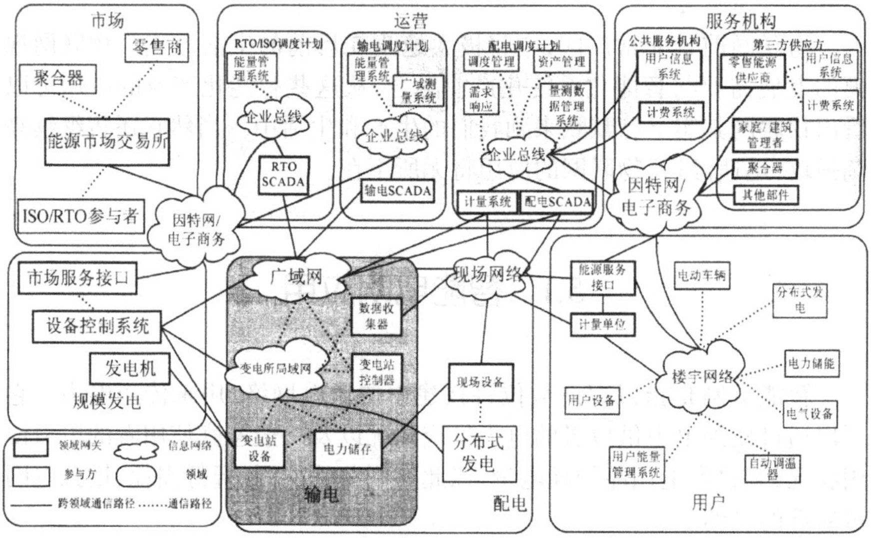
市场
零售商
聚合器
能源市场交易所
ISO/RTO参与者
因特网/电子商务
运营
RTO/ISO调度计划
能量管理系统
企业总线
RTO SCADA
输电调度计划
能量管理系统
广域测量系统
企业总线
输电SCADA
配电调度计划
调度管理
资产管理
需求响应
量测数据管理系统
企业总线
计量系统
配电SCADA
服务机构
公共服务机构
用户信息系统
计费系统
第三方供应方
零售能源供应商
用户信息系统
计费系统
家庭/建筑管理者
聚合器
其他部件
因特网/电子商务
市场服务接口
设备控制系统
发电机
规模发电
广域网
数据收集器
变电所局域网
变电站控制器
变电站设备
电力储存
输电
现场网络
现场设备
分布式发电
配电
能源服务接口
电动车辆
分布式发电
计量单位
楼宇网络
电力储能
用户设备
电气设备
用户能量管理系统
自动调温器
用户
领域网关
信息网络
参与方
领域
跨领域通信路径
通信路径

图 5.2 智能电网信息交互的模型

5.1.2 智能电网中的物联网应用案例

1. 基于物联网的智能用电服务系统

（1）基于物联网的智能用电信息采集系统。基于物联网的智能用电信息采集系统利用无线传感网络、电力线宽带通信、TD-SCDMA 以及电力专用宽带通信网络，建设以双向、宽带通信信息网络及 AMI（高级计量架构）为基本特征的用电信息实时采集与管理应用系统，实现计量装置在线监测和用户负荷、电量、计量状态等重要信息的实时采集，及时、完整、准确地为电力营销信息系统及智能配电网络提供基础数据。

（2）电动汽车用电管理。电动汽车的出现对解决日益紧缺的石油资源和日益严重的环境污染问题具有重要的意义。电动汽车代表了新能源汽车的发展方向，并已将其提升到各国产业竞争的战略高度。目前的电动汽车主要分为纯电动汽车、混合动力汽车以及燃料电池电动汽车。纯电动汽车的充电问题是电动汽车普及的一个非常现实的障碍。

利用物联网技术可以提高电动汽车的运行状态监测、安全行驶监测、充电站运行环境、安全运行监测等信息感知和综合分析能力。基于物联网的电动汽车充电和充电站管理平台感知层包括电动汽车和充电站两部分。通过电动汽车传感器及自组网络技术收集电动汽车当前位置、运行状态、电池设备型号和电池能量状态等参数，通过 GPRS 等无线传输技术将车辆运行信息实时上报。而充电站通常部署包括专有的充电站、替换电池等设施上的传感器，充电站区域内温度、湿度、气体浓度、振动幅度等传感器以及安防视频传感器等，通过电力光纤或电力线载波等将信息传输到后台，实现对当前电动汽车运行网内能源供给状态和充电站运行状况的实时监测。

后台处理中心通过 GIS 空间分析能力综合各种检测信息做出判断，为电动汽车和充电站、备用电池等进行综合分析，在保证电动汽车运行在稳定、经济、高效的状态下，提供最高效、最经济的充电方案调度，提高能源使用效率和电动车的运行效率。

2. 基于物联网的输电线路在线监测系统

基于物联网的输电线路在线监测系统如图 5.3 所示，包括线路状态监测和杆塔状态监测两大部分。传感器网络通过网关与移动通信网相连，将传感器获得的状态信息传送给状态监测智能管理系统。系统在实时接收各种传感信息的基础上，综合分析融合各类传感数据，经由数据库科学数据模型的分析，对输电线路现场状况和故障原因做出准确判断，高效精确地实现了智能化预测预警，还能根据输电线路现场情况对监测策略做出相应调整，智能适应各种监测需求。

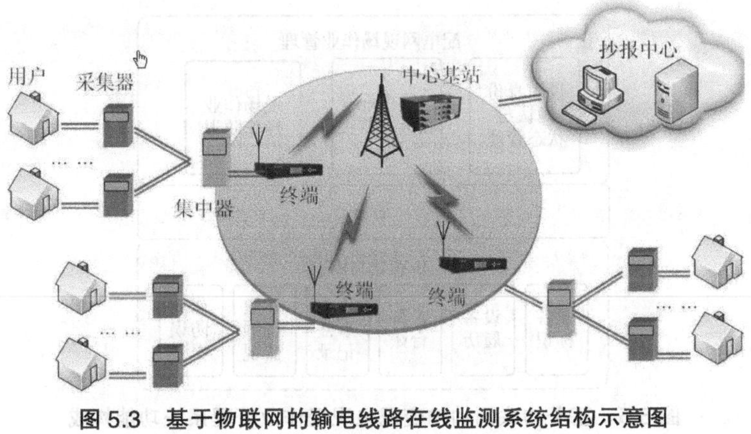
用户
采集器
中心基站
抄报中心
集中器
终端
终端
终端

图 5.3　基于物联网的输电线路在线监测系统结构示意图

线路监测系统通过导线监测仪记录导线与线夹最后接触点外一定距离处导线相对于线夹的弯曲振幅、频率等线缆状态，获取导线的运行温升、导线的风偏和摆幅等参数，状态监测智能管理软件通过事先设计的输电线路运行专家系统进行模式匹配，对导线可承载潮流做出评估，为高压输电线路动态增容和升温融冰等提供决策支持。

3. 基于物联网的输变配电现场作业管理系统

基于物联网的输变配电现场作业管理系统如图5.4所示，系统综合应用视频技术、传感器技术和RFID技术，通过安装在作业车辆上的视频监视设备和设备上的RFID标签，远程监控作业现场情况、现场核实操作对象和工作程序，紧密联系调度人员、安监人员、作业人员等多方情况，使各项现场工作或活动可控、在控，保障人身安全、设备安全、系统安全，减少人为因素或外界因素造成的生产损失。

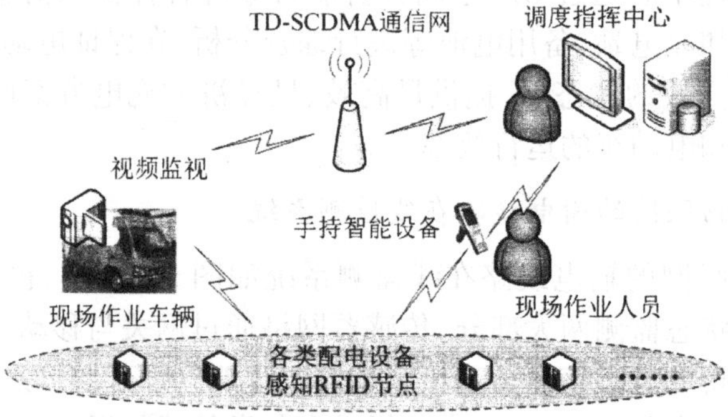
TD-SCDMA通信网
调度指挥中心
视频监视
手持智能设备
现场作业车辆
现场作业人员
各类配电设备
感知RFID节点
……

图5.4 基于物联网的输变配电现场作业管理系统网络示意图

基于物联网的输变配电现场作业管理系统（图5.5）主要分为包括传感器、RFID的信息采集层，各种通信方式的通信层，以及后台信息管理系统的支撑层。

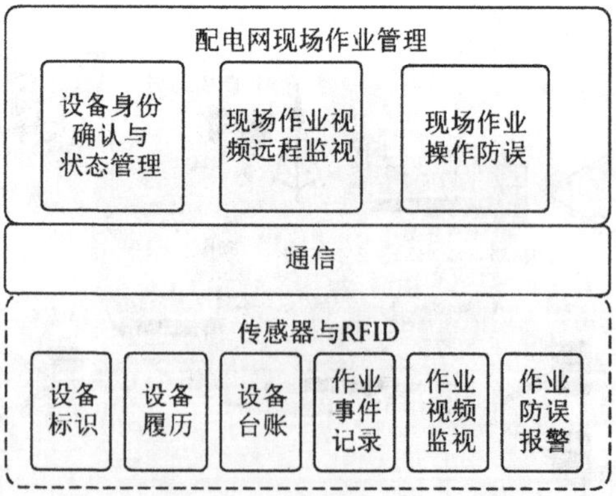
配电网现场作业管理
设备身份确认与状态管理
现场作业视频远程监视
现场作业操作防误
通信
传感器与RFID
设备标识
设备履历
设备台账
作业事件记录
作业视频监视
作业防误报警

图5.5 基于物联网的输变配电现场作业管理系统功能构成

5.2 智能交通应用

5.2.1 智能交通系统概述

智能交通系统(Intelligent Transportation System, ITS)是将物联网先进的信息通信技术、传感技术、控制技术以及计算机技术等有效地运用于整个交通运输管理体系,而建立起的一种在大范围内、全方位发挥作用,实时、准确、高效的综合运输和管理系统。通过物联网的交通发布系统为交通管理者提供当前的拥堵状况、交通事故等信息来控制交通信号和车辆通行,同时发布出去的交通信息将影响人的行为,实现人与路的互动。

智能交通系统的功能主要包括表现在顺畅、安全和环境方面,具体表现为:增加交通的机动性,提高运营效率,提高道路网的交通能力,提高设施效率,调控交通需求;提高交通的安全水平,降低事故的可能性,减轻事故的损害程度,防止事故后灾难的扩大;减轻堵塞,降低汽车运输对环境的影响。智能交通系统强调的是系统性、实时性、信息交互性以及服务的广泛性,与原来的交通管理和交通系统有本质的区别。

智能交通系统是一个复杂的综合性信息服务系统,主要着眼于交通信息的广泛应用与服务,以提高交通设施的运行效率。从系统组成的角度,智能交通系统(ITS)可以分成10个子系统(图5.6)。

ATIS包括无线数据/交通信息通道、车载移动电话接收信息系统、路由引导系统及选择最佳路径的电子地图。

ATMS是为交通管理者使用的,对公路交通进行主动控制和管理的系统。具体来说,是根据接收到的道路交通状况、交通环境等信息,对交通进行控制。

APTS的主要目的是采用各种智能技术促进公共运输业的发展,使公交系统实现安全便捷、经济、运量大的目标。

AVCS的目的是开发帮助驾驶员实行对车辆控制的各种技术,通过车辆和道路上设置的情报通信装置,实现包括自动车驾驶在内的车辆辅助驾驶控制系统。

FTMS在这里指以高速道路网和信息管理系统为基础,利用物流理论进行管理的智能化的物流管理系统。

ETC是当前世界上最为先进的路桥收费方式,感应卡与ETC车道上的微波天线间能够进行通信,可从卡中自动扣除费用,免除人工收费的步骤，使车道的通行能力提高 3 ～ 5 倍。

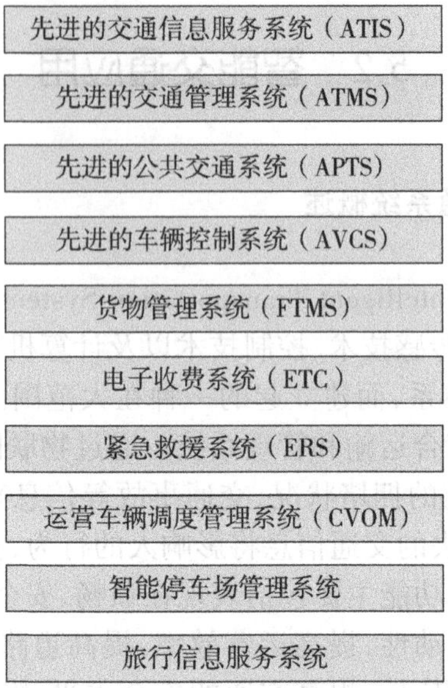
先进的交通信息服务系统（ATIS）
先进的交通管理系统（ATMS）
先进的公共交通系统（APTS）
先进的车辆控制系统（AVCS）
货物管理系统（FTMS）
电子收费系统（ETC）
紧急救援系统（ERS）
运营车辆调度管理系统（CVOM）
智能停车场管理系统
旅行信息服务系统

图 5.6 智能交通系统的子系统

ERS 是一个基于 ATIS、ATMS 和其他救援机构的救援系统，利用 ATIS、ATMS 实现交通监控中心和职业救援机构的合作，向道路使用者提供车辆故障现场紧急处置、拖车、现场救护、排除事故车辆等服务。

CVOM 系统中配备有车载电脑、高度管理中心计算机与全球定位系统，借助这些设备实现卫星联网，在驾驶员与汽车调度管理中心间进行通信，有助于提高公共汽车和出租汽车的运营效率。该系统具有较强的通信性能，能够实现大范围车辆控制。

智能停车场管理系统是对现代化停车场进行收费及设备自动化管理的系统，是使用计算机系统来管理停车场的一种非接触式、自动感应、智能引导、自动收费的系统。系统以 IC 卡或 ID 卡等智能卡为载体，通过智能设备使感应卡记录车辆及持卡人进出的相关信息，对该信息进行运算、传输，依靠字符显示、语音播报等界面转化为可供人工识别的信号，最终完成计时收费、车辆管理等自动化功能。

旅行信息系统主要用于向在外旅行人员提供当地实时交通信息的系统。该系统使用的媒介多样化，包括计算机、电视、电话、路标、无线电、车内显示屏等。

5.2.2 智能交通系统的关键技术

实现智能交通系统的关键技术除了传统的网络技术和通信技术以

外，还包括 4 种关键技术（图 5.7）。

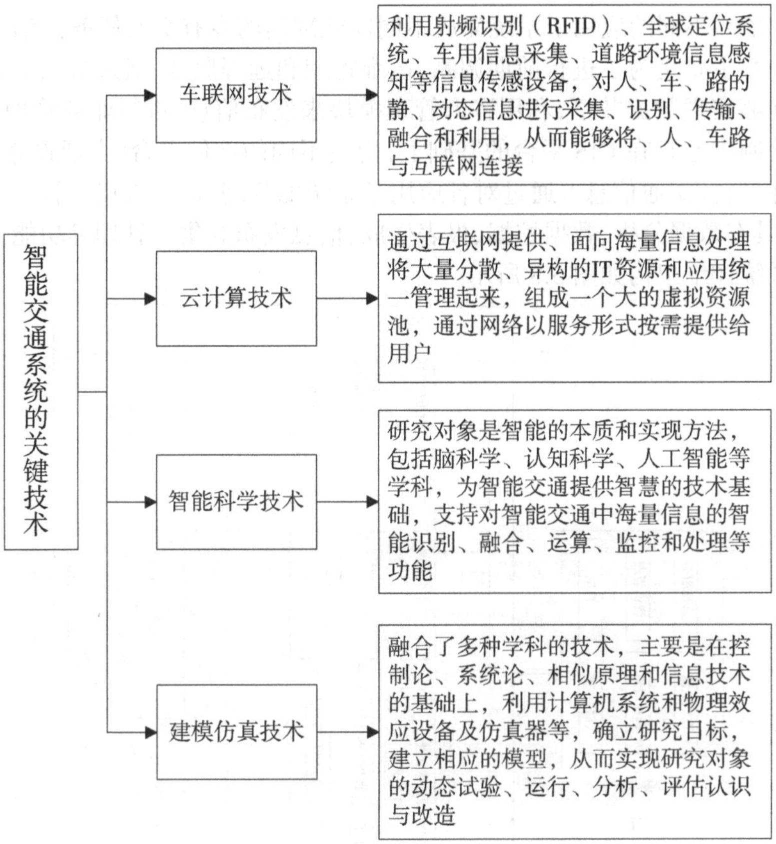
智能交通系统的关键技术
车联网技术
利用射频识别（RFID）、全球定位系统、车用信息采集、道路环境信息感知等信息传感设备，对人、车、路的静、动态信息进行采集、识别、传输、融合和利用，从而能够将、人、车路与互联网连接
云计算技术
通过互联网提供、面向海量信息处理将大量分散、异构的IT资源和应用统一管理起来，组成一个大的虚拟资源池，通过网络以服务形式按需提供给用户
智能科学技术
研究对象是智能的本质和实现方法，包括脑科学、认知科学、人工智能等学科，为智能交通提供智慧的技术基础，支持对智能交通中海量信息的智能识别、融合、运算、监控和处理等功能
建模仿真技术
融合了多种学科的技术，主要是在控制论、系统论、相似原理和信息技术的基础上，利用计算机系统和物理效应设备及仿真器等，确立研究目标，建立相应的模型，从而实现研究对象的动态试验、运行、分析、评估认识与改造

图 5.7　智能交通系统的关键技术

5.2.3　智能交通系统技术实现

1. 智能交通系统总体架构

物联网感知层的功能是，利用 M2M 终端设备收集各类基础信息，具体包括不同交通环节的视频、图片和数据等，将这些设备以无线传感网络的方式连接为一个整体。

物联网网络层的功能是，将上述收集到的信息借助移动通信网络传输给数据中心，再经由数据中心转化为具有价值的信息。

物联网应用层的功能是，将上述信息以多种方式发送给使用者，以便于后续的决策、服务的提供和其他业务的开展。

因此智能交通系统按照上述三层划分。

2. 智能交通应用系统架构

依靠不同的应用子系统完成不同职能部门的专有交通任务：信息服务中心主要是为了进行前期调测、运维管理和远程服务，通过数据交换平台能够实现数据共享，利用咨询管理模块来发布信息、进行业务管理；指挥控制中心是在GIS平台的基础上，构建不同的部件平台（交通设施）和事件平台（交通信息），通过对各应用子系统的管理，以实现集中管理为目的，具有数据分析、数据挖掘、报表生成、信息发布和集中管理等功能。应用系统详细架构如图5.8所示。

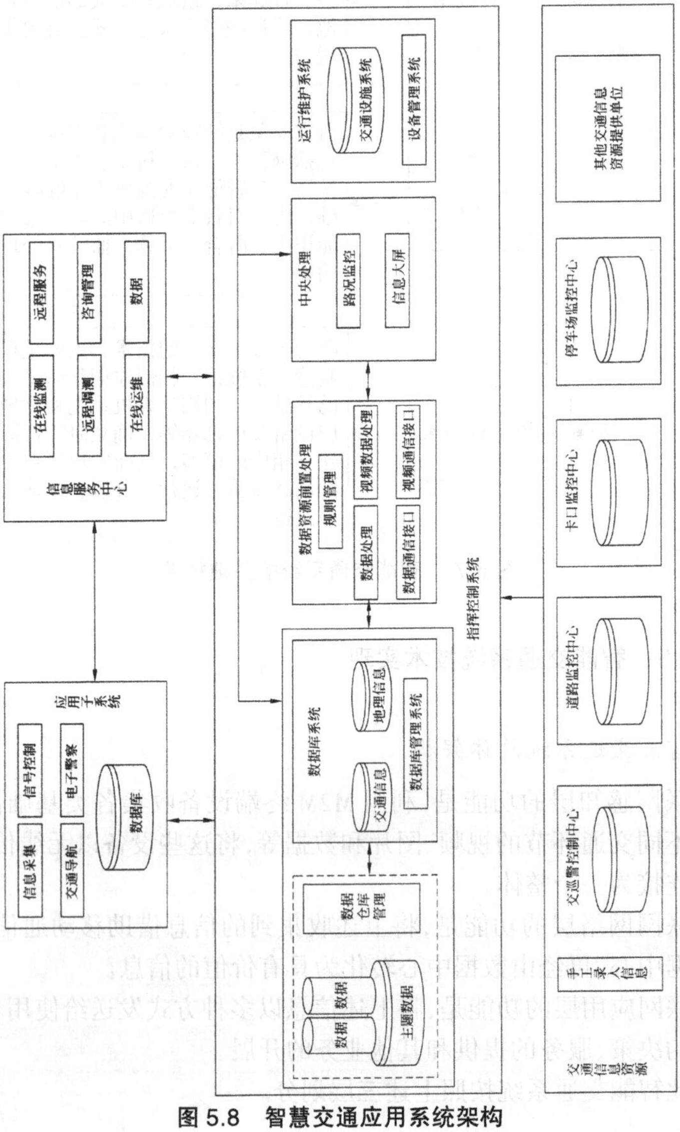

信息服务中心
在线监测
远程服务
远程调测
咨询管理
在线运维
数据
应用子系统
信息采集
信号控制
交通导航
电子警察
数据库
运行维护系统
交通设施系统
设备管理系统
中央处理
路况监控
信息大屏
数据资源前置处理
规则管理
视频数据处理
视频通信接口
数据处理
数据通信接口
数据库系统
地理信息
交通信息
数据库管理系统
数据仓库管理
数据
数据
主题数据
指挥控制系统
其他交通信息资源提供单位
停车场监控中心
卡口监控中心
道路监控中心
交巡警控制中心
手工录入信息
交通信息资源

图5.8 智慧交通应用系统架构

5.3　智能医疗应用

智能医疗是物联网技术与医院、医疗管理“融合”的产物。图 5.9 展示的就是令我们向往的智能化医疗保健生活，这样的生活应该就在不远的将来，当然实现这样的生活还要经过我们不断的努力。

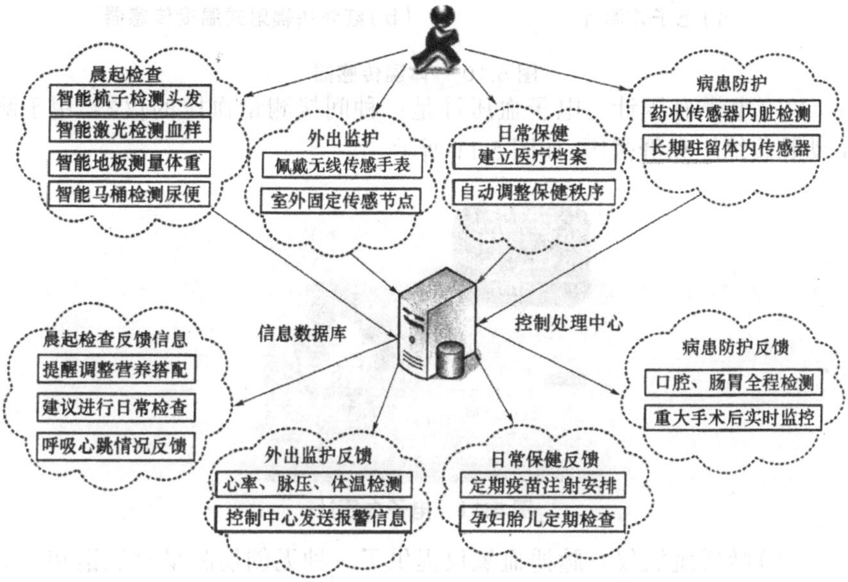
晨起检查
智能梳子检测头发
智能激光检测血样
智能地板测量体重
智能马桶检测尿便
外出监护
佩戴无线传感手表
室外固定传感节点
日常保健
建立医疗档案
自动调整保健秩序
病患防护
药状传感器内脏检测
长期驻留体内传感器
信息数据库
控制处理中心
晨起检查反馈信息
提醒调整营养搭配
建议进行日常检查
呼吸心跳情况反馈
外出监护反馈
心率、脉压、体温检测
控制中心发送报警信息
日常保健反馈
定期疫苗注射安排
孕妇胎儿定期检查
病患防护反馈
口腔、肠胃全程检测
重大手术后实时监控

图 5.9　物联网技术创造的智能医疗保健生活

5.3.1　智能医疗的相关技术

我国医疗卫生体系正从临床信息化走向区域医疗卫生信息化的发展阶段，物联网技术的出现，满足了人民群众关注自身健康的需求，对推动医疗卫生信息化产业的发展起着很大的作用。

1. 医疗信息感知

绝大多数医疗信息都是通过医用传感器采集的。下面简要介绍智慧医疗中最常用的仪器。

（1）体温传感器。体温传感器的种类很多，常用的包括接触式的电子体温计和非接触式的红外热辐射式温度传感器等，如图 5.10 所示。

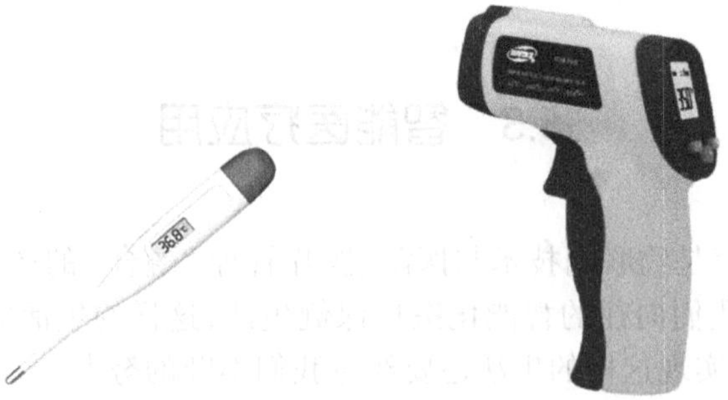

（a）电子体温计　　（b）红外热辐射式温度传感器

图 5.10　体温传感器

（2）电子血压计。电子血压计是一种间接测量血压的仪器，用于测量动脉收缩压和舒张压，如图 5.11 所示。

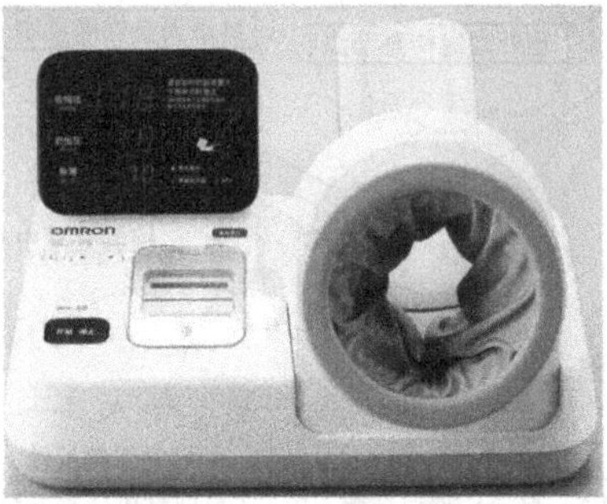
OMRON

图 5.11　电子血压计

（3）脉搏血氧仪。脉搏血氧仪提供了一种无创伤测量血氧饱和度的方法，可以长时间连续监测，为临床提供了快速、简便、安全可靠的测定方式。图 5.12 为指套型脉搏血氧仪。

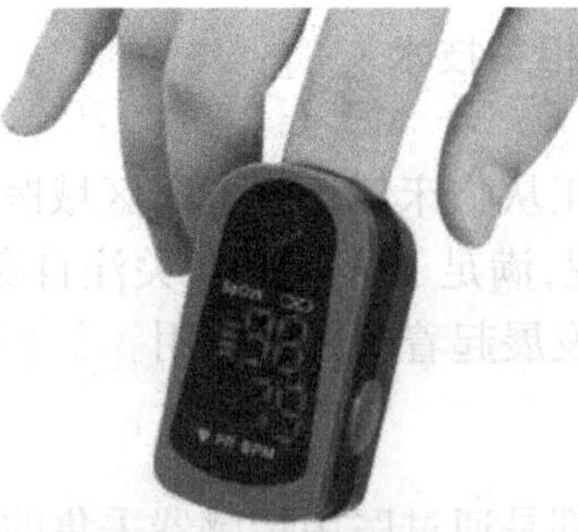

图 5.12　指套型脉搏血氧仪

（4）血糖仪。目前使用最多的血糖仪一般是微创的，如图 5.13 所示，即使用时需要采集患者少许血样。此外，还有一些无创的血糖检测方法，如近红外光谱无创血糖检测法、基于光声效应的无创血糖检测法和反离子电渗检测法等。

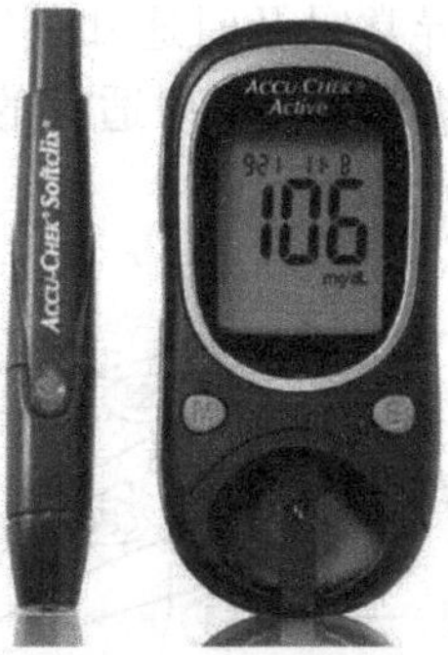
ACCU-CHEK Softclix
ACCU-CHEK Active
106

图 5.13　血糖仪

（5）心电传感器和脑电传感器。心电传感器（Electrocardiography transducer, ECG transducer）可以通过电极将体表不同部位的电信号检测出来，再用放大器加以放大，就可得到心电图形，如图 5.14 所示。

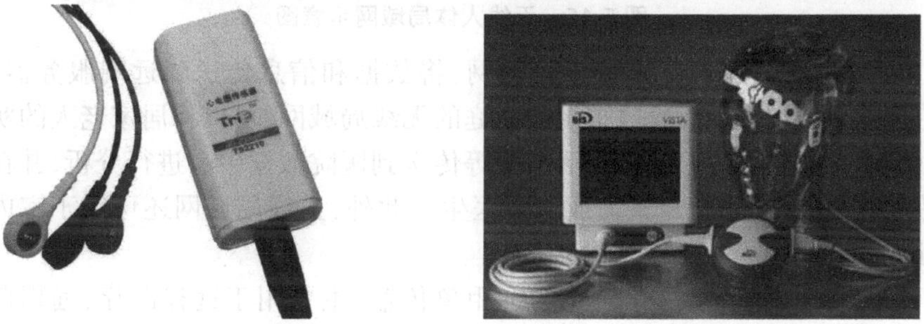

（a）心电传感器　　　　（b）脑电传感器

图 5.14　心电传感器和脑电传感器

脑神经细胞无时无刻不在进行自发的、有节律的放电活动，此连续的放电活动被称为脑电波。脑电传感器（Electroencephalographic transducer, EEG transducer）可以检测大脑皮层各区域神经细胞群发出的脉冲性同步电位差。

（6）其他通用传感器。其他通用传感器还有视频传感器、加速度传感器、RFID 电子标签等，这里不再一一进行介绍。

2. 医疗信息传输

无线人体局域网利用近距无线通信技术，将穿戴在身体上的集中控制单元和多个微型的穿戴式或植入式传感器单元连接起来，典型的穿戴式或植入式生理传感器如图 5.15 所示。无线人体局域网主要针对健康监护应用，可以长期、持续地采集和记录各种慢性病（如糖尿病、哮喘和心脏病等）病人的生理参数，并在需要时为病人提供相应的服务，如在发现心脏病人的心电信号发生异常时及时通知其家人和医院，在发现糖尿病人的胰岛素水平下降时自动为病人注射适量的胰岛素。

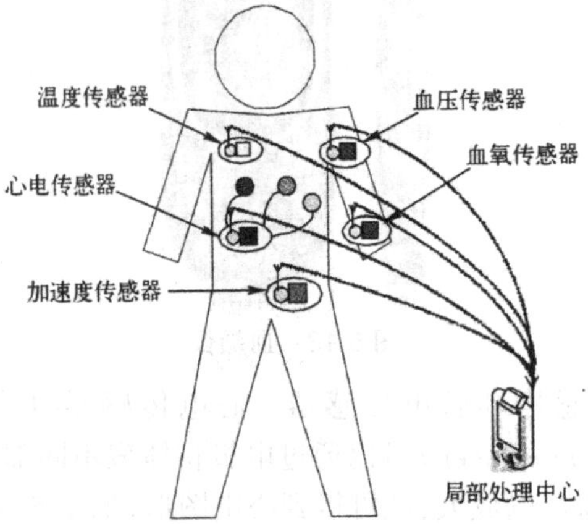
温度传感器
血压传感器
血氧传感器
心电传感器
加速度传感器
局部处理中心

图 5.15　无线人体局域网示意图

无线局域网也可以接入广域网，将数据和信息传送到远端服务器。在远程医疗应用中，通过布设在家庭的无线局域网，可以将居家老人的实时生理数据、活动记录和生活情况等传送到医院数据中心进行分析，并在发生紧急情况时通知家人或值班医生。此外，无线局域网还可用于室内定位。

广域网适用于医疗信息的远距离传输，主要用于远程医疗、远程监护、远程教育与咨询等应用中的信息传输。

3. 医疗信息处理

医疗信息具有多模特性，包括纯数据（如体征参数、化验结果）、信号（如肌电信号、脑电信号等）、图像（如 B 超、CT 等医学成像设备的检测结果）、文字（如病人的身份记录、症状描述、检测和诊断结果的文字表述），以及语音和视频等信息。因此，医疗数据挖掘涉及图像处理技术、时间序列（Time Series）处理技术、数据流（Data Stream）处理技术、语音处理技术和视频处理技术等多个领域。

基于上述大规模的多模医疗信息数据，进行医疗数据挖掘一般包含 3 个主要步骤（图 5.16）。

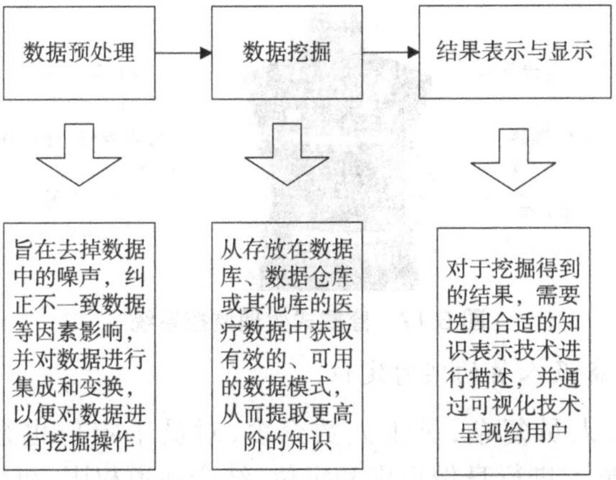
数据预处理
数据挖掘
结果表示与显示
旨在去掉数据中的噪声，纠正不一致数据等因素影响，并对数据进行集成和变换，以便对数据进行挖掘操作
从存放在数据库、数据仓库或其他库的医疗数据中获取有效的、可用的数据模式，从而提取更高阶的知识
对于挖掘得到的结果，需要选用合适的知识表示技术进行描述，并通过可视化技术呈现给用户

图 5.16　医疗数据挖掘的主要步骤

5.3.2　智能医疗监护

智能医疗监护通过先进的感知设备采集体温、血压、脉搏、心电图等多种生理指标，通过智能分析对被监护者的健康状况进行实时监控。

1. 移动生命体征监测

移动智能化医疗服务指的是以无线局域网技术和 RFID 技术为基础，采用智能型手持数据终端为移动中的一线医护人员提供随身数据应用。

移动智能化医疗服务信息系统建设的目的在于提高医院的运营效率，降低医疗错误及医疗事故的发生率，从而全面提高医院的社会效益以及竞争力。建设移动临床信息系统不仅是医院信息化发展的必然趋势，也是医院以人为本医疗模式的基本保证。

目前，一些先进的医院在移动信息化的应用方面取得了重要进展。比如，可以实现病历信息、患者信息、病情信息等实时记录、传输与处理利用，使在医院内部和医院之间通过联网可以实时有效地共享相关信息，这对实现远程医疗、专家会诊、医院转诊等过程的信息化流程可以起到很好的支撑作用。医疗移动信息化技术的发展，为医院管理、医生诊断、护士护理、患者就诊等工作创造了便利条件。

图 5.17 所示是美国斯坦福大学和 NASA 阿莫斯研究中心联合开发的名为 LifeGuard 的可穿戴式生理监控系统。可以通过附带的生理传感器连续地对用户的心电、呼吸率、心率、血氧饱和度、环境或身体温度、血压等进行监测。此外，CPOD 内嵌有三维加速度传感器，还可以外接 GPS 设备对用户的位置变化进行跟踪。

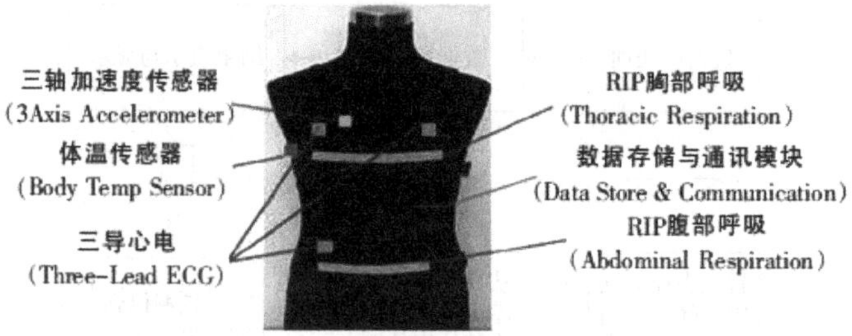
三轴加速度传感器
(3Axis Accelerometer)
体温传感器
(Body Temp Sensor)
三导心电
(Three-Lead ECG)
RIP胸部呼吸
(Thoracic Respiration)
数据存储与通讯模块
(Data Store & Communication)
RIP腹部呼吸
(Abdominal Respiration)

图 5.17　穿戴式生理监控系统

2. 医疗设备及人员的实时定位

医院外来人员复杂，员工人数众多，对员工定位也很重要。利用 RFID 技术对员工进行身份识别和定位，结合通道权限，可以增强医院安全性。防止保安、护理等临时用工人员在医院的随意出入带来的安全隐患，有效做好重要物质、重要样品的防范工作。

基于指纹方法的定位系统框架如图 5.18 所示。系统采用客户 / 服务器(Client/Server, CS)构架，客户端和服务器端通过无线方式实现网络连接和通信，客户端负责采集环境中多个 Wi-Fi 接入点的无线信号强度，并将其发送到服务器端。服务器端利用客户端汇报的信号强度值，根据预先学习的信号强度与位置之间的映射模型计算当前客户端所在的位置，并将结果返回给客户端，同时在客户端程序界面中显示出来。

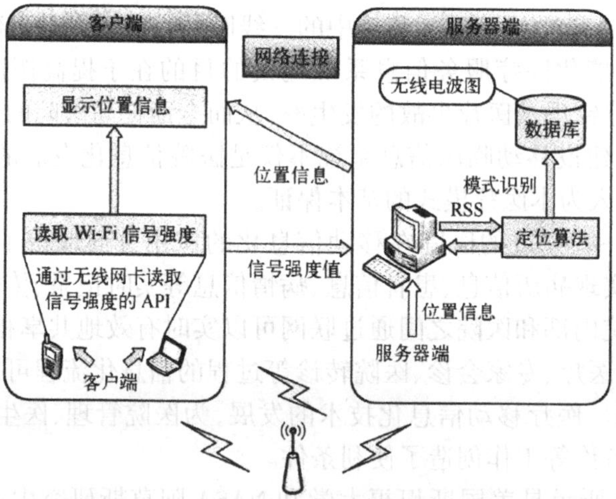
客户端
网络连接
服务器端
显示位置信息
无线电波图
数据库
位置信息
模式识别
RSS
读取 Wi-Fi 信号强度
定位算法
通过无线网卡读取
信号强度的 API
信号强度值
位置信息
服务器端
客户端

图 5.18　基于指纹方法的定位系统框架

5.3.3　远程医疗

远程医疗通过计算机、通信、多媒体等技术同医疗技术的结合，来交换相隔两地的患者的医疗临床资料及专家的意见,在医学专家和病人之间建立起全新的联系,使病人在原地、原医院即可接受远地专家的会诊并在其指导下进行治疗和护理。

图5.19中描述了一种远程医疗监护系统结构。客户端与医生工作站、监护工作站、住院病人控制中心通过网络(GPRS/CDMA/3G)连接。

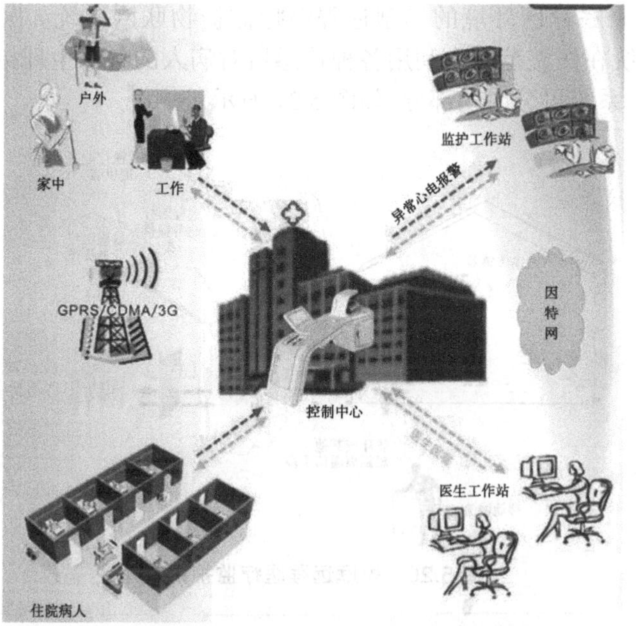
户外
家中
工作
监护工作站
异常心电报警
GPRS/CDMA/3G
因
特
网
控制中心
医生工作站
住院病人

图5.19 远程医疗监护系统

远程医疗的特点如下:

(1)实时采集病人的心电、呼吸、体温、心率等医用信息,并将其传输和存储到数据库,可以极大地降低运送病人的时间和成本。

(2)可以很好地管理和分配偏远地区的紧急医疗服务,实时数据自动分析和预警,可预防和治疗提供参考,使偏远地区的突发危重病也可以得到及时救治。

(3)提供辅助的医疗管理手段,记录病人请求、医护人员提供服务的相关工作记录,可以使医生突破地理范围的限制,共享病例,有利于临床研究的发展。

(4)可以为偏远地区的医务人员提供更好的医学教育。

(5)提供可移动的多种无线通信方式,为病人提供24h连续的生理信息的监护,患者可以自由移动;有需要时,病人主动请求定位最近的医护人员为患者提供及时的救助服务。

(6)医护人员可以实时调取病人医疗数据,结合电子病历,对病情做出分析和诊断。医生的指令可以发回到监护仪,指导治疗和救助。

远程医疗常见的应用模式有家庭社区远程医疗监护系统、医院临床无线医疗监护系统等。家庭社区远程医疗监护系统,对患有各种慢性疾病的病人的身体健康参数进行实时监测,远程医生可以随时对病人进行指导,一旦发现异常与紧急情况可以及时进行救治。如图 5.20 所示为一个适用于家庭社区环境的典型远程医疗监护物联网系统。医院临床无线监护系统在医院范围内利用各种传感器对病人的各项生理指标进行监护、监测。系统可分为四部分,如图 5.21 所示。

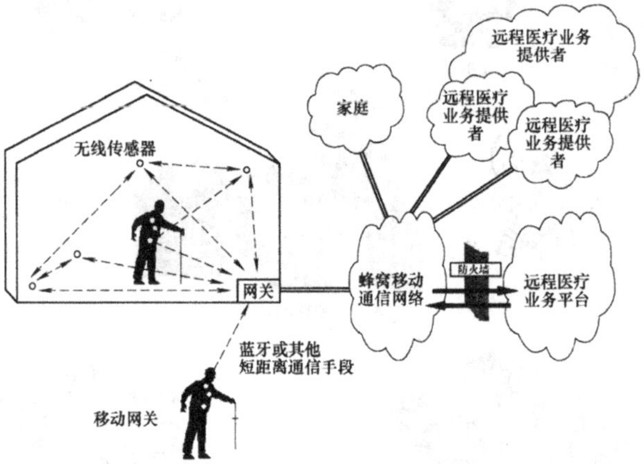
远程医疗业务提供者
家庭
远程医疗业务提供者
远程医疗业务提供者
无线传感器
网关
蜂窝移动通信网络
防火墙
远程医疗业务平台
蓝牙或其他短距离通信手段
移动网关

图 5.20 家庭远程医疗监护系统

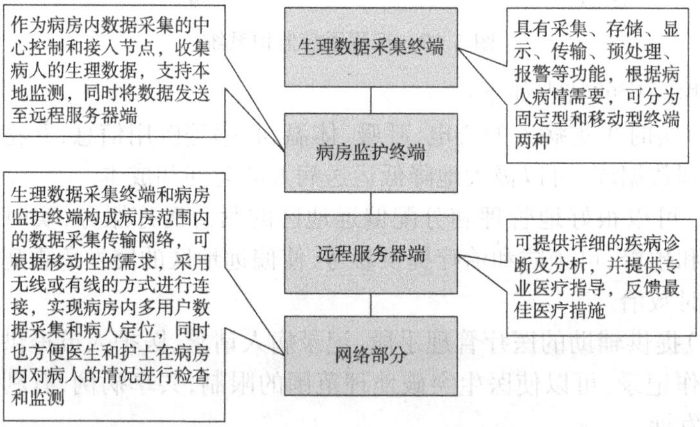
作为病房内数据采集的中心控制和接入节点，收集病人的生理数据，支持本地监测，同时将数据发送至远程服务器端
生理数据采集终端
具有采集、存储、显示、传输、预处理、报警等功能，根据病人病情需要，可分为固定型和移动型终端两种
病房监护终端
生理数据采集终端和病房监护终端构成病房范围内的数据采集传输网络，可根据移动性的需求，采用无线或有线的方式进行连接，实现病房内多用户数据采集和病人定位，同时也方便医生和护士在病房内对病人的情况进行检查和监测
远程服务器端
可提供详细的疾病诊断及分析，并提供专业医疗指导，反馈最佳医疗措施
网络部分

图 5.21 医院临床无线医疗监护系统的四部分

远程医疗的扩大应用可以极大地减少病人接受医疗的障碍,最大限度实现医疗资源特别是优秀专家诊断的共享,使地理上的隔绝不再是医疗救治中不可克服的障碍。

5.3.4　医疗用品智能管理

1. 药品和医疗设备的管理

RFID 标签依附在产品上的身份标识具有唯一性，难以复制，可以起到查询信息和防伪打假的作用。药品从研发、生产、流通到使用整个过程中，RFID 标签都可进行全方位的监控。

当药品流经运输商和经销商时，在运输和验货过程中通过对药品信息查询与更新，可以查看药品在整个流通中流经的企业及生产、存储环节的信息，以辨识药品的真伪及在生产、运输过程中是否符合要求、流通环境对药品有无影响等，从而对经销的药品进行把关。

医疗设备往往都很精密贵重，同时在使用中又有很大的移动性，容易被偷盗，造成损失。将 RFID 技术应用在医疗设备上，在相应的楼层、电梯和门禁上安装 RFID 读 / 写装置，一旦器械和设备的 RFID 标签与读 / 写装置中的设定不符，系统马上报警或将电梯、门禁锁死，这样可以有效防止贵重器件毁损或被盗。

图 5.22 所示为 RFID 应用于药品和医疗设备的管理。

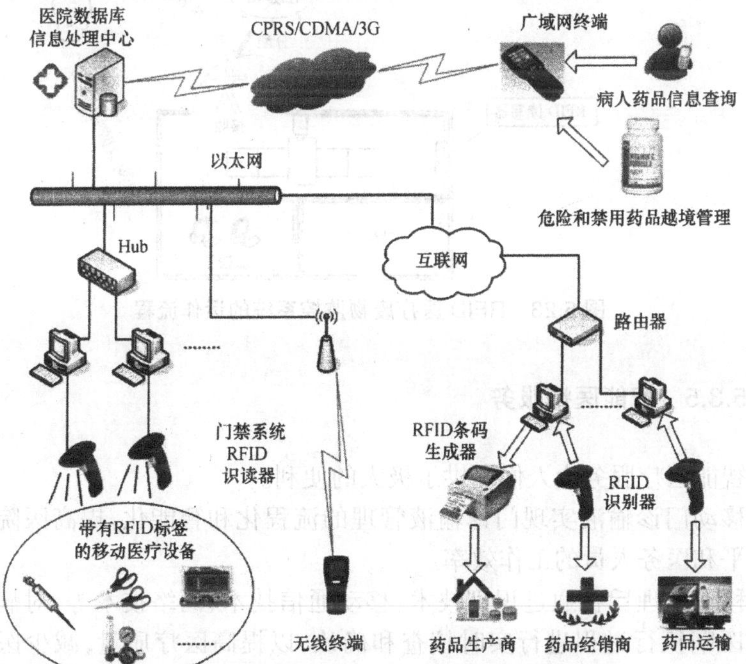
医院数据库
信息处理中心
CPRS/CDMA/3G
广域网终端
病人药品信息查询
以太网
危险和禁用药品越境管理
Hub
互联网
路由器
门禁系统
RFID
识读器
RFID条码
生成器
RFID
识别器
带有RFID标签
的移动医疗设备
无线终端
药品生产商
药品经销商
药品运输

图 5.22　RFID 应用于医疗设备与药品的管理

2. 医疗垃圾处理

采用RFID技术对整个医疗垃圾的回收、运送、处理过程进行全程监管,包括采用RFID电子秤称量医疗垃圾、基于RFID技术的实时定位系统监控垃圾运送车的行程路线和状态,实现从收集储存、密闭运输、集中焚烧处理到固化填埋焚烧残余物四个过程的全程监控。在国内,相关公司开发了基于RFID、Gin5和视频的医疗废物监控系统,实现了对医疗废物装车、运输、中转、焚烧整个流程的监控,系统的运作流程如图5.23所示。

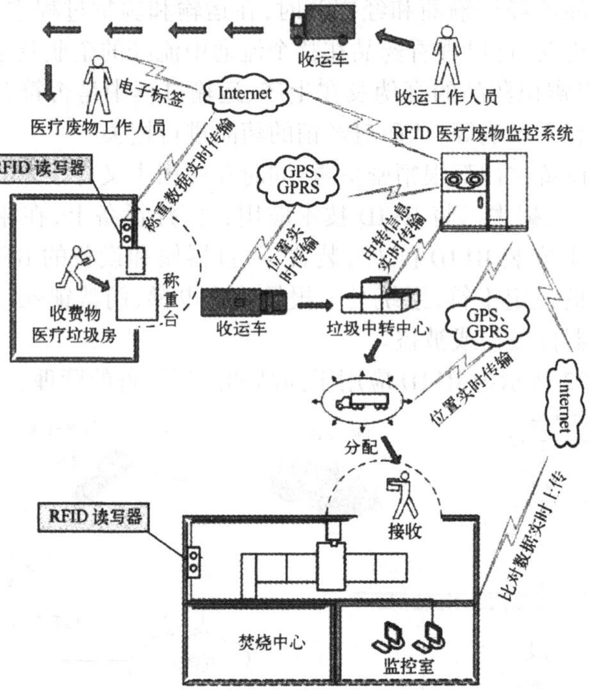
收运车
收运工作人员
电子标签
Internet
医疗废物工作人员
RFID医疗废物监控系统
智能RFID读写器
称重数据实时传输
GPS、GPRS
位置实时传输
中转信息实时传输
收费物
医疗垃圾房
称重台
收运车
垃圾中转中心
GPS、GPRS
位置实时传输
Internet
分配
接收
RFID读写器
比对数据实时上传
焚烧中心
监控室

图5.23　RFID医疗废物监控系统的运作流程

5.3.5　智能医疗服务

智能医疗服务为人们提供了极大的便利。

移动门诊输液实现门诊输液管理的流程化和智能化,提高医院的管理水平和医务人员的工作效率。

移动护理旨在通过识别技术、移动通信技术、网络技术等,对病区患者的医嘱执行过程进行实时核查和确认,以提高医疗质量,减少医疗差错。国内某公司开发的移动护理系统如图5.24所示,系统包括RFID标签、便携式终端、医疗信息系统服务器等,可以协助和指导护士完成医嘱,提高护理质量、节省医务人员时间、提高医嘱执行能力、控制医疗成本，使医院护理工作更准确、高效、便捷。

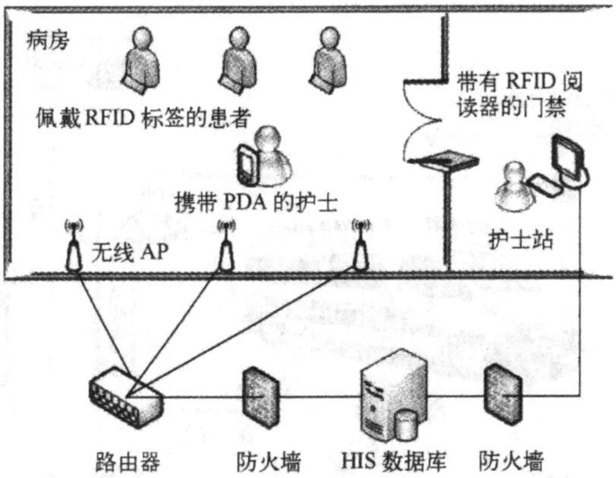
病房
佩戴 RFID 标签的患者
带有 RFID 阅读器的门禁
携带 PDA 的护士
护士站
无线 AP
路由器
防火墙
HIS 数据库
防火墙

图 5.24 移动护理系统

智能用药提醒通过记录药物的服用时间、用法等信息，提醒并检测患者是否按时用药。亚洲大学的团队研发了一款基于 RFID 的智慧药柜，用于提醒患者按时、准确服药，智慧药柜的系统流程如图 5.25 所示。

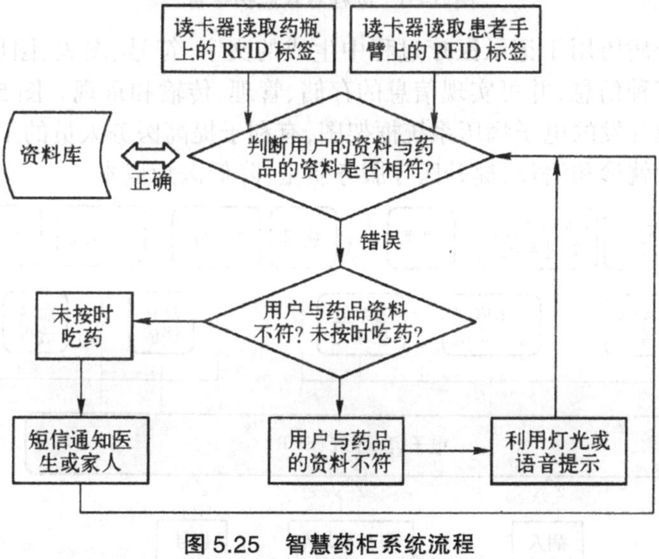
读卡器读取药瓶上的 RFID 标签
读卡器读取患者手臂上的 RFID 标签
资料库
正确
判断用户的资料与药品的资料是否相符?
错误
未按时吃药
用户与药品资料不符? 未按时吃药?
短信通知医生或家人
用户与药品的资料不符
利用灯光或语音提示

图 5.25 智慧药柜系统流程

基于物联网的野战急救应用服务平台，集 GPRS、WCDMA、Wi-Fi、互联网、专网等多种接入方式，集地理位置信息、体征监测信息、视频图像信息的多元化应用系统。可将收集到的信息发送至急救监护调度中心，有助于制定医疗急救方案，相应做出远程急救干预等操作。如图 5.26 所示平台由视频监控子系统、患者生命体征回传子系统、车辆指挥调度子系统、数据语音系统、知识库管理子系统组成。

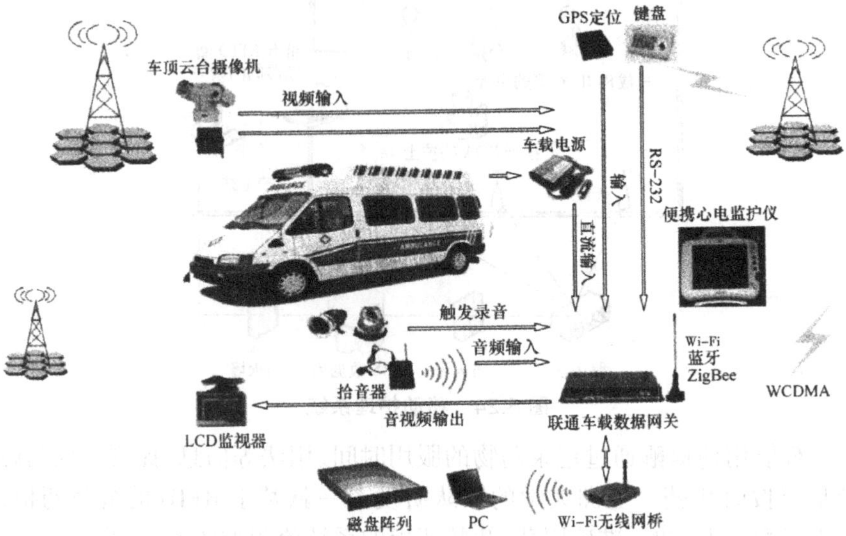
GPS定位
键盘
车顶云台摄像机
视频输入
车载电源
输入
RS-232
直流输入
便携心电监护仪
触发录音
音频输入
Wi-Fi
蓝牙
ZigBee
拾音器
WCDMA
音视频输出
联通车载数据网关
LCD监视器
磁盘阵列
PC
Wi-Fi无线网桥

图 5.26　远程急救监护平台

电子病历用于记录医疗过程中生成的文字、符号、图表、图形、数据、影像等多种信息，并可实现信息的存储、管理、传输和重现。图 5.27 是国内某公司开发的电子病历系统框架图，有利于提高医务人员的工作效率，方便患者就诊和治疗，提升医疗服务质量，降低医疗成本。

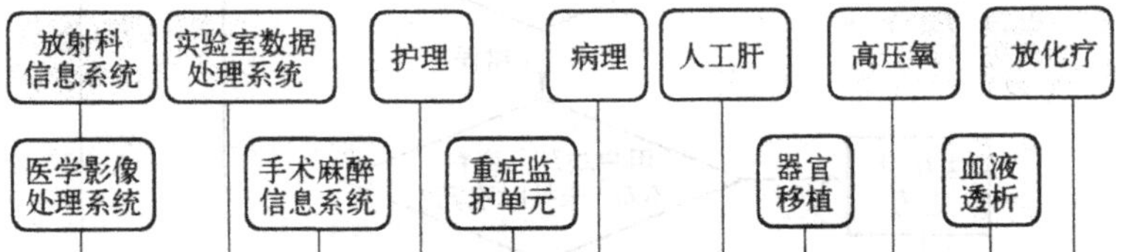
放射科信息系统
实验室数据处理系统
护理
病理
人工肝
高压氧
放化疗
医学影像处理系统
手术麻醉信息系统
重症监护单元
器官移植
血液透析
电子病历系统 (EMR)
病人
病人入出转
挂号
管理系统 (HIS)

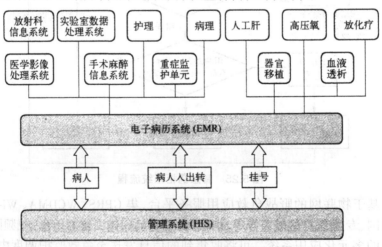

图 5.27　电子病历系统框架

5.4　智能环保应用

随着人类社会的不断发展，环境问题已经成为阻碍社会进步的重要问题。环境保护是摆在人类面前的紧迫课题。

5.4.1　环境治理的现状

环境监测是随着环境污染而发展起来的，西方发达国家相继建立了自动连续监测系统，借助 GIS 技术、GPS 技术、水下机器人等，对大气、水体的污染状况进行长期监测，预测环境质量的发展趋势，保证环境监测的实时性、连续性、完整性。我国环境监测的发展状况落后于国际先进水平，主要体现在以下两方面：

（1）使用的自动监测系统和精密仪器多数需要进口，部分精密仪器需要较为严格的工作环境，需要安装在实验室中，不能应用于其他环境下。亟须研发出操作简单、测定迅速、价格低廉、便于携带、能满足一定灵敏度和准确度要求的监测方法和仪器，以便于应用于生产现场、野外、边远地区，推动环境监测的进一步发展。

（2）目前使用的环境监测系统大多需要有线或有线加调制解调器或光纤等进行信息传输，这就对一些环境监控系统造成了一定的困难，例如野外、企业排污点等无值守的环境，并不适合建立有线网络。这就需要改变传输方式，便于更多监测环境使用，可以借助 GSM/GPRS 网络，进行无线传输，进而实现环境监测的无线化、智能化、微型化、集成化、智能化、网络化。

5.4.2　环境治理与物联网的融合

当今的环境治理无处不体现物联网技术，环境治理系统中大多使用了无线传感器技术、无线通信技术、数据处理技术、自动控制技术等物联网关键技术，通过水、路、空对水域环境实施伞面的监测。基于物联网分层架构的水域环境监测的软硬件构成与分层见表 5.1。

表 5.1 环境监测的软硬件构成与分层

物联网分层	主要技术	硬件平台	软 件
应用层	云计算技术、数据库管理技术	PC 和各种嵌入式终端	操作系统、数据库系统、中间件平台、云计算平台
传输层	无线传感器网络技术、节点组网及 ZigBee 技术	ZigBee 网络,有线通信网络、无线通信基站等	无线自组网系统
感知层	传感器技术	各种传感器	

5.4.3 水域环境的治理实施方案

建立一套完整的水环境信息系统、水环境综合管理系统平台是解决目前水环境状况的有效途径之一,通过积极试点并逐步推广,实现湖泊流域水环境综合管理信息化,并以此为载体,推动流域管理的理念与机制转变。

以我国太湖为例,湖区面积为 $2338km^2$,是中国近海区域最大的湖泊,因为湖泊流域人口稠密、经济发达、工业密集、污染比较严重,水质均为劣 V 类,富营养化明显,磷、氮营养严重过剩,局部汞化物和化学需氧量超标,蓝藻暴发频繁,国内还有很多湖泊都受到类似的污染,需要对其监控。

湖泊治理的总体思路是先分析水环境存在的问题,问题包括水动力条件差、水环境恶劣、水生态严重受损、富营养化程度高和蓝藻频发等。在此基础上解决方案包括环境监测系统、数据传输系统、环境监测预警和专家决策系统,最终的目标是改善湖泊水质,提高水环境等级,为湖周围经济建设与社会的协调发展、为高原重污染湖泊水环境和水生态综合治理提供技术支撑。

5.5 智能城市应用

以物联网、云计算等新一代技术为核心的智慧城市建设理念,成为一种未来城市发展的全新模式。智慧城市是人类社会发展的必然产物,智慧城市建设从技术和管理层面也是可行的。

智慧城市的架构通常被划分为 3 个层次,如图 5.28 所示。

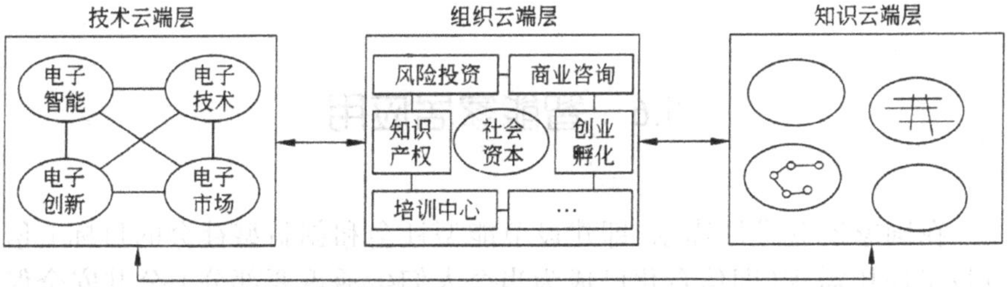
技术云端层
电子
智能
电子
技术
电子
创新
电子
市场
组织云端层
风险投资
商业咨询
知识
产权
社会
资本
创业
孵化
培训中心
…
知识云端层

图 5.28　智慧城市的架构

最底层是智慧城市的基础架构层，又称为知识云端层。这一层主要凝聚了有创造力的知识界，如科学家、艺术家、企业家等。这些人在不同的领域中从事知识密集型的工作，为城市发展提供知识服务。

中间层是组织云端层。这一层次的组织主要将知识云端层提供的知识进行整合和商业化以实现创新。这一层主要包括风险投资商、知识产权保护组织、创业与创新孵化组织、技术转移中心、咨询公司和融资机构等。这些组织通过他们的社会资本和金融资本，为知识云端层的智力资本提供财务和其他方面的支持，图 5.29 较好地表示了组织云端层的区域创新系统的作用机理，即产品创新与创业孵化机理区域创新系统中的研发中心、政府部门、咨询公司和技术生产者等为新创公司提供技术和市场等方面的支持，以实现孵化产品创新和创业孵化。由此亦可见，创新城市是智慧城市的一个主要组成部分。

最顶层是技术云端层。这一层主要是依靠知识云端层的智力资本和组织云端层的社会资本开发出来的数字技术与环境。这一数字技术和环境是供给和满足智慧城市智慧运营的技术内核，这个三层次有机连接，成为一个“智慧链”，为智慧城市的可持续发展提供不竭的动力。

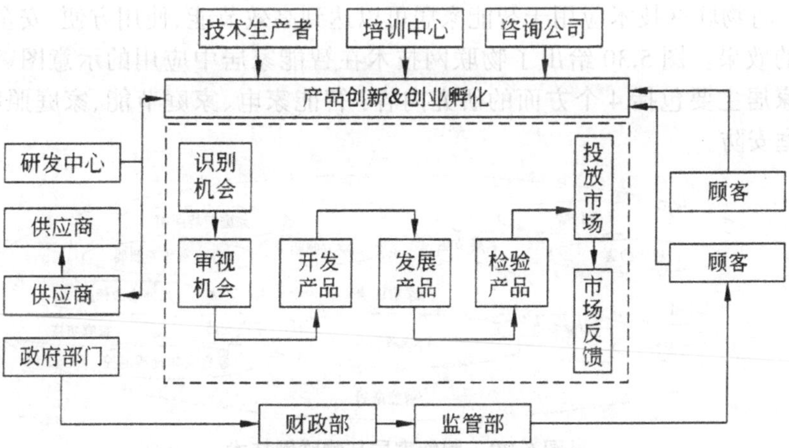
技术生产者
培训中心
咨询公司
产品创新&创业孵化
研发中心
供应商
供应商
政府部门
识别
机会
审视
机会
开发
产品
发展
产品
检验
产品
投放市场
市场反馈
顾客
顾客
财政部
监管部

图 5.29　组织云端层的区域创新系统的知识网络

5.6 智能家居应用

在国家宏观发展需求(即建设节能型社会和创新型社会的目标)、信息技术应用需求(即信息化已成为当今人们生活重要部分)、公共安全保障需求(即安全保障是衡量社区住宅环境的标准)和建筑品牌提升需求(即智能化是现代建筑灵魂核心)充分体现下,以及其他主客观因素的作用下,智能家居产生是必然。

我国已将建设智能化小康示范小区列入国家重点发展方向。住房和城乡建设部计划在近年内,使60%以上的新房具有一定的"智能家居"功能。通过在家庭布设传感器网络,可以通过手机或互联网远程实现家庭安全、客人来访、环境与灾害的监控报警以及家电设备控制,以保障居住安全,提高生活质量。

5.6.1 智能家居概述

智能家居也称为数字家庭,或智能住宅,英文常用Smart Home。通俗地说,智能家居是利用先进的计算机、嵌入式系统和网络通信技术,将家庭中的各种设备通过家庭网络连接到一起。

此外,智能家居还是以住宅为平台,兼备建筑、网络通信、信息家电、设备自动化,集系统、结构、服务、管理于一体的高效、舒适、安全、便利、环保的居住环境。

将物联网技术应用于智能家居可以达到高效节能、使用方便、安全可靠的效果。图5.30给出了物联网技术在智能家居中应用的示意图。智能家居主要包括4个方面的研究内容:智能家电、家庭节能、家庭照明、家庭安防。

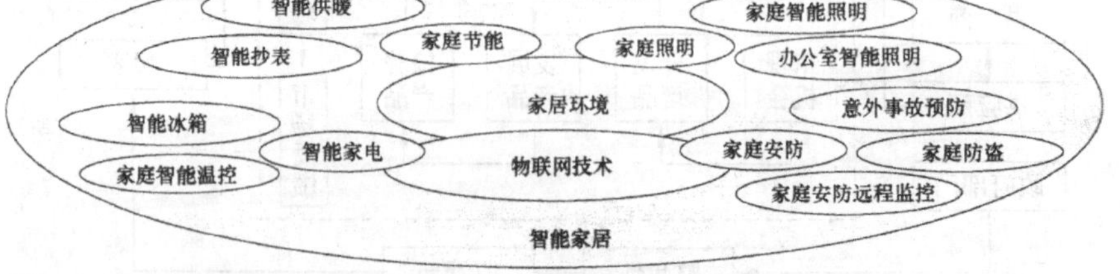
智能供暖
智能抄表
智能冰箱
家庭智能温控
家庭节能
智能家电
家居环境
物联网技术
家庭照明
家庭智能照明
办公室智能照明
意外事故预防
家庭安防
家庭防盗
家庭安防远程监控
智能家居

图5.30 智能家居与物联网技术

5.6.2 智能家居体系的构成

物联网智能家居系统由 4 部分组成,分别是信号接收器、中央控制器、模拟启动器和远程遥控控制器。用户通过文字将预期的效果发送出去,由信号接收器进行接收,将其转化为代码的形式发送给中央控制器;经过中央处理器的分析后,一方面将指令传送给实时显示模块进行显示,另一方面将指令传送给模拟启动器,进而控制相应的远程控制器对智能家居进行控制;远程控制器会通过中央控制器发送给用户一条完成指令,用户即可根据反馈信息决定后续操作。

在用户并未发出指令的情况下,中央控制器会监控各类传感器并接收其发送的信息,在不同的设置要求下,对环境数据进行实时监控,若出现超出设定范围的情况,那么中央控制器会自动向模拟启动器发出指令,来控制智能家居进行调节,如图 5.31 所示。

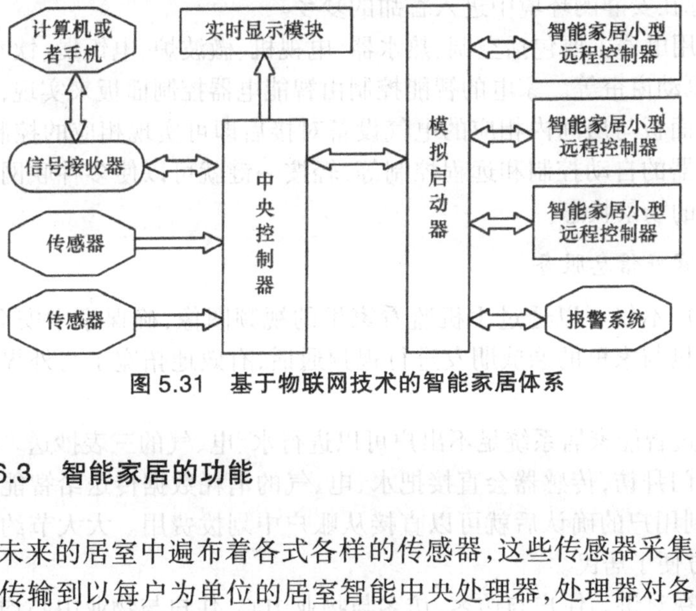
计算机或者手机
实时显示模块
信号接收器
传感器
传感器
中央控制器
模拟启动器
智能家居小型远程控制器
智能家居小型远程控制器
智能家居小型远程控制器
报警系统

图 5.31 基于物联网技术的智能家居体系

5.6.3 智能家居的功能

在未来的居室中遍布着各式各样的传感器,这些传感器采集各种信息自动传输到以每户为单位的居室智能中央处理器,处理器对各种信息进行分析整合,并做出智能化判别和处理。

1. 人员识别

在居室入口的门和地板上安装的传感器会采集进入居室的人员的身高、体重,行走时脚步的节奏、轻重等信息,并和系统中储存的主人信息和以往客人信息进行对比,识别出是主人还是客人或陌生人,同时发出相应的问候语。并在来访结束后按主人的设定记录并分类来访者的信息,例如,可以把此次来访者设定为好友或不受欢迎的人,这样可以使系统在下次来访时做出判断。

2. 智慧家电

未来的家电像一个个小管家,聪明得知道怎样来合理地安排各种家务工作。根据居室门口传感器的信息感知,当家中无人时,空调会自动关闭;还会根据预先的设定或手机的遥控在主人下班回家之前自动打开,并根据当天的室外气温自动调节到合适的温度,太潮还会自动抽湿。使主人回到家就可以感受到怡人的室温。智能物联网电冰箱,不仅可以存放物品,还可以传输到主人的手机,告诉主人,电冰箱中存放食品的种类、数量、已存放时间,提醒主人哪些常用的食品缺货了,甚至根据电冰箱中储存食品的种类和数量来设计出菜单,提供给主人选择。电视机已经没有固定的屏幕了,你坐在沙发前,它会把影像投射到墙上;你躺在床上,它把影像投射到天花板上;你睡着了,它会自动把声音逐渐调小,最后关机,让你在安静的环境中进入香甜的梦乡。

家用电器主要包括空调、热水器、电视机、微波炉、电饭煲、饮水机、计算机、电动窗帘等。家电的智能控制由智能电器控制面板来实现,智能电器控制面板与房间内相应的电气设备对接后即可实现相应的控制功能。如对电器的自动控制和远程控制等,轻按一键就可以使多种联网设备进入预设的场景状态。

3. 家庭信息服务

用户不仅可以透过手机监看家里的视频图像,确保家中安全,也可以用手机与家里的亲戚朋友进行视频通话,有效地拓宽了与外界的沟通渠道。

通过智能家居系统足不出户可以进行水、电、气的三表抄送。抄表员不必登门拜访,传感器会直接把水、电、气的消耗数据传送给智能家居系统,得到用户的确认后就可以直接从账户中划拨费用。大大节约人力物力,更方便了居民。

可视对讲。住户与访客、访客与物业中心、住户与物业中心均可进行可视或语音对话,从而保证对外来人员进入的控制。

4. 智能家具

利用物联网技术,从手机里随时都能看到家里情况的实时视频,可以随时随地遥控掌握家中的一切。安装了传感装置的家具都变得“聪明懂事”了。窗帘可以感知光线强弱而自动开合。灯也知道节能了,每个房间的灯都会自动感应，人来灯亮人走灯灭，并根据人的活动情况自动调节光线，适应主人不同的需要。传感器上传的信息到达智能家居系统中，系统对各种信息整合会自动发出指令来调节家中的各种设施和家具。家中开关只需一个遥控板就可全部控制，再也不用冬天冒寒下床关灯。智能花盆会告诉你，现在花缺不缺水，什么时间需要浇水，什么时间需要摆到阴凉地方。回家前先发条短信，浴缸里就能自动放好洗澡水。当天气风和日丽时，家里的窗户会自动定时开启，通风换气使室内空气保持新鲜，当遇到大风来临或大雪将至，窗门上的感应装置还会自动关闭窗户，令您出门无忧无虑。

5. 智慧监控

智能家居系统还能够使家庭生活的许多方面亲情化、智能化，与学校的监控系统结合，当你想念自己孩子的时候可以马上通过这一系统看到你的孩子在幼儿园或学校玩耍或学习的情况。和小区监控系统结合，不需妈妈的陪伴，孩子可以在小区中任意玩耍，在家里做家务的妈妈可以随时看到孩子的情况。佩戴在老人和孩子身上的特殊腕带还可以发射出信息，让家人随时清楚他们的位置，防止走失。

通过物联网视频监控系统可以实时监控家中的情况。此外，利用实时录像功能可以对住宅起到保护作用。

实时监控可分为：

室外监控，监控住宅附近的状况。

室内监控，监控住宅内的状况。

远程监控，通过 PDA、手机、互联网可随时查看监控区域内的情况。

6. 智能安防报警

数字家庭智能安全防范系统由各种智能探测器和智能网关组成，构建了家庭的主动防御系统。智能红外探测器探测出人体的红外热量变化从而发出报警；智能烟雾探测器探测出烟雾浓度超标后发出报警；智能门禁探测器根据门的开关状态进行报警；智能燃气探测器探测出燃气浓度超标后发出报警。安防系统和整个家庭网络紧密结合，可以通过安防系统触发家庭网络中的设备动作或状态；可利用手机、电话、遥控器、计算机软件等方式接收报警信息，并能实现布防和撤防的设置。

7. 智能防灾

家里无人时如果发生漏水、漏气，传感器会在第一时间感应到，并把信息上传到智能家居系统，智能家居系统马上通过手机短信把情况报告给户主,同时也把信息报告给物业,以便及时采取相应措施。如果有火灾发生,传感器同样会第一时间检测到烟雾信号,智能家居系统会发出指令将门窗打开,同时发出警声并将警情传给报警中心或传给主人手机。

5.7 智慧农业应用

我国是一个农业大国,地域辽阔,物产丰富,气候复杂多变,自然灾害频发,“三农”问题是我国政府比较关注的问题。随着科学技术的进步,智能农业、精准农业的发展,物联网技术在农业中的应用逐步成为研究的热点。

5.7.1 智能农业的概述

智能农业也称作智慧农业,将现代信息技术、计算机与网络技术、物联网技术、音视频技术、3S 技术、无线通信技术及专家智慧与知识有机地结合起来,进行农业可视化远程诊断、远程控制、问题预警等。其发展目标为,有效地利用各类农业资源,减少农业能耗,减少对生态环境的破坏以及优化农业系统。智慧农业具备的功能主要有以下几类,如图 5.32 所示。智慧农业是推动城乡发展一体化的战略引擎。

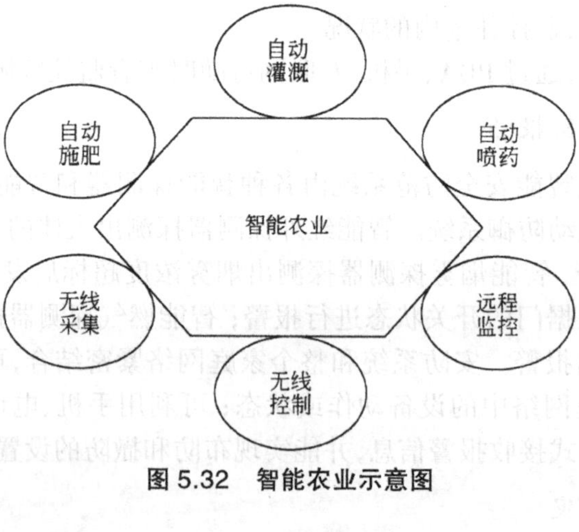
自动
灌溉
自动
施肥
自动
喷药
智能农业
无线
采集
远程
监控
无线
控制

图 5.32 智能农业示意图

5.7.2　智能农业系统的组成及功能

1. 智能农业系统组成

智能农业系统由数据采集系统、视频采集系统、无线传输系统、控制系统和数据处理系统组成，如图 5.33 所示。

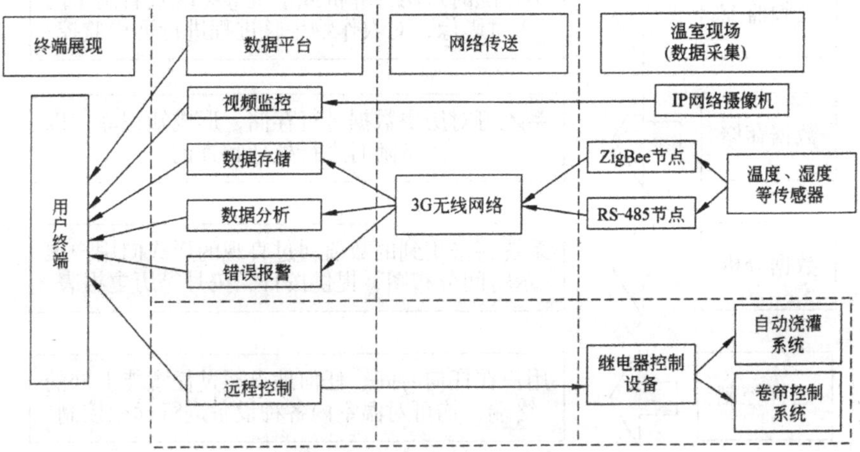

终端展现
数据平台
网络传送
温室现场
(数据采集)
视频监控
IP网络摄像机
数据存储
ZigBee节点
温度、湿度
等传感器
用户终端
3G无线网络
数据分析
RS-485节点
错误报警
自动浇灌
系统
继电器控制
设备
远程控制
卷帘控制
系统

图 5.33　智能农业系统组成

数据采集系统主要负责温室内部光照、温度、湿度和土壤含水量以及视频等数据的采集和控制。温度包括空气温度、浅层土壤温度和深层土壤温度；湿度包括空气湿度、浅层土壤含水量和深层土壤含水量。

视频采集系统中安装了高精度网络摄像机和全球眼，对系统的清晰度和稳定性等有明确的要求，均应符合国内相关标准。

控制系统包括控制设备和相应的继电器控制电路，利用继电器实现对生产设备（喷淋、滴灌等喷水系统和卷帘、风机等空气调节系统等）的调控。

无线传输系统可将收集的数据通过网络传输给服务器，采用的传输协议为 IPv4 或 IPv6 网络协议。

数据处理系统收集的数据进行处理和存储，便于用户进行分析、决策。用户能够在计算机、手机等终端查询相关数据。

2. 智能农业系统的功能

智能农业系统的功能多样，如图 5.34 所示。

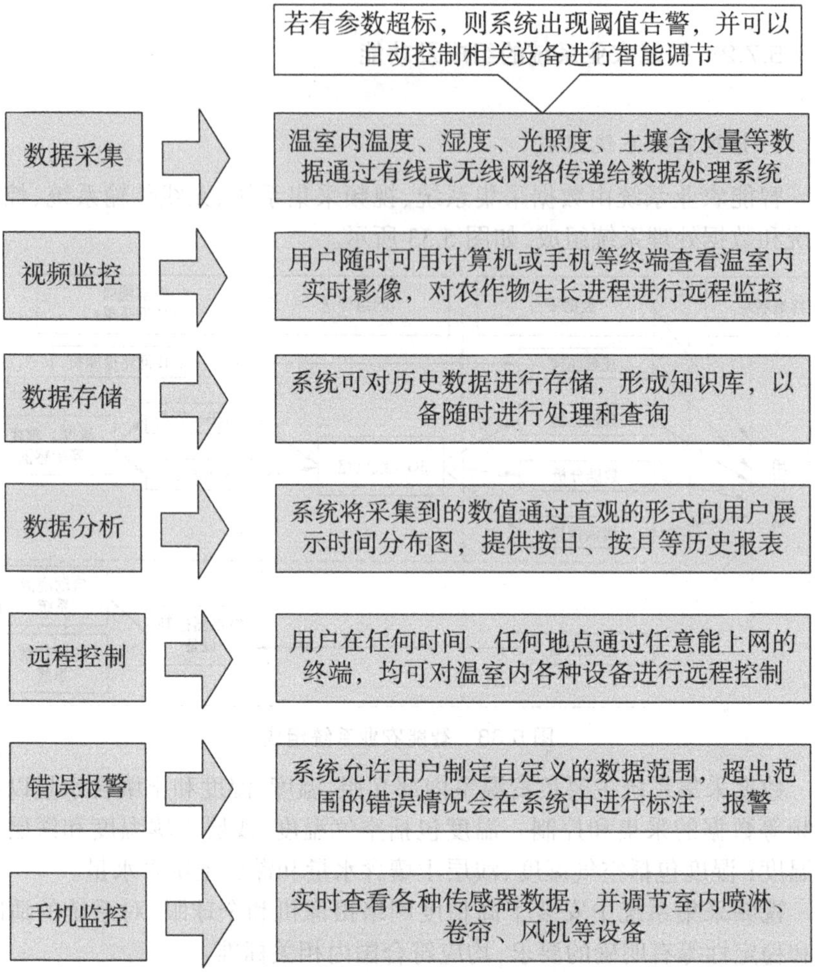
若有参数超标，则系统出现阈值告警，并可以自动控制相关设备进行智能调节
数据采集
温室内温度、湿度、光照度、土壤含水量等数据通过有线或无线网络传递给数据处理系统
视频监控
用户随时可用计算机或手机等终端查看温室内实时影像，对农作物生长进程进行远程监控
数据存储
系统可对历史数据进行存储，形成知识库，以备随时进行处理和查询
数据分析
系统将采集到的数值通过直观的形式向用户展示时间分布图，提供按日、按月等历史报表
远程控制
用户在任何时间、任何地点通过任意能上网的终端，均可对温室内各种设备进行远程控制
错误报警
系统允许用户制定自定义的数据范围，超出范围的错误情况会在系统中进行标注，报警
手机监控
实时查看各种传感器数据，并调节室内喷淋、卷帘、风机等设备

图 5.34　智能农业系统的功能

5.7.3　智能农业系统技术实现

1. 智能农业系统架构

智能农业系统的总体架构分为传感信息采集、视频监控、智能分析和远程控制 4 部分，如图 5.35 所示。

2. 智能农业的关键技术

（1）信息感知技术。农业信息感知技术是进行智能农业的前提，是该系统需求量最大、最基础的关键步骤，具体包括农业传感器技术、RFID

技术、GPS 技术以及 RS 技术(图 5.36)。

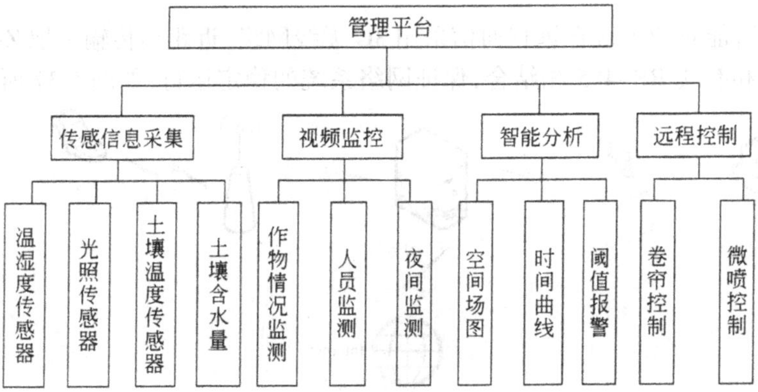
管理平台
传感信息采集
视频监控
智能分析
远程控制
温湿度传感器
光照传感器
土壤温度传感器
土壤含水量
作物情况监测
人员监测
夜间监测
空间场图
时间曲线
阈值报警
卷帘控制
微喷控制

图 5.35　智能农业系统总体架构

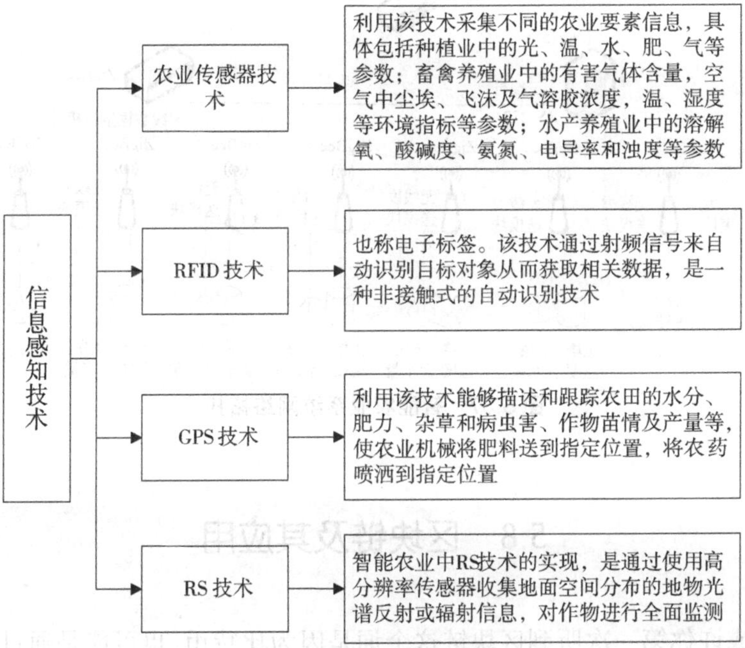
信息感知技术
农业传感器技术
利用该技术采集不同的农业要素信息，具体包括种植业中的光、温、水、肥、气等参数；畜禽养殖业中的有害气体含量，空气中尘埃、飞沫及气溶胶浓度，温、湿度等环境指标等参数；水产养殖业中的溶解氧、酸碱度、氨氮、电导率和浊度等参数
RFID 技术
也称电子标签。该技术通过射频信号来自动识别目标对象从而获取相关数据，是一种非接触式的自动识别技术
GPS 技术
利用该技术能够描述和跟踪农田的水分、肥力、杂草和病虫害、作物苗情及产量等，使农业机械将肥料送到指定位置，将农药喷洒到指定位置
RS 技术
智能农业中RS技术的实现，是通过使用高分辨率传感器收集地面空间分布的地物光谱反射或辐射信息，对作物进行全面监测

图 5.36　信息感知技术

(2)信息传输技术。在智能农业中,应用最广泛的信息传输技术为无线传感网络。该技术依靠无线通信技术构成了自组织多跳的网络系统,在监测范围内安装大量的传感器节点,从而感知、采集和处理监测范围内对象的信息,并传输给观察者。

(3)信息处理技术。智能农业中涉及的信息处理技术,主要包括云计算、GIS、专家系统和决策支持系统等信息技术。

3. 智能农业系统网络拓扑

智能农业系统在远程通信采用 3G 无线网络，近距离传输采取 ZigBee 模式和有线 RS-485 相结合，保证网络系统的稳定运行，如图 5.37 所示。

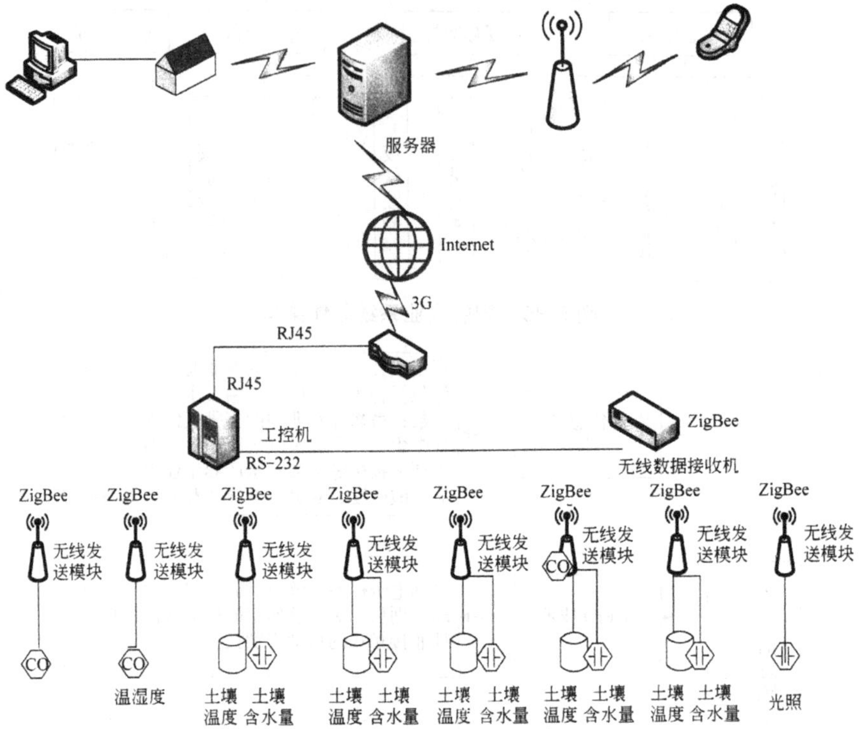
服务器
Internet
3G
RJ45
RJ45
工控机
RS-232
ZigBee
无线数据接收机
ZigBee
无线发送模块
CO
温湿度
土壤 温度
土壤 含水量
光照

图 5.37　智能农业系统网络拓扑

5.8　区块链及其应用

或许你第一次听到区块链这个词是因为比特币，也可能是通过某个金融科技峰会。但是，不知道你有没有发现，区块链技术发展到今天，似乎所有行业都说自己和区块链有点关系：我们正在积极探讨区块链技术，我们正在组建区块链实验室，我们的某位专家是区块链行业的“大牛”，他会带领我们用区块链的思维探索企业新的转型之路……诸如此类的话不绝于耳。似乎世界上的任何东西都能和区块链扯上关系，那究竟什么是区块链呢？

5.8.1　区块链的认知

1. 什么是区块链

区块链是分布式数据存储、点对点传输、共识机制、加密算法等计算机技术的新型应用模式。

狭义来讲，区块链是一种按照时间顺序将数据区块以顺序相连的方式组合成的一种链式数据结构，并以密码学方式保证的不可篡改和不可伪造的分布式账本，如图 5.38 所示。

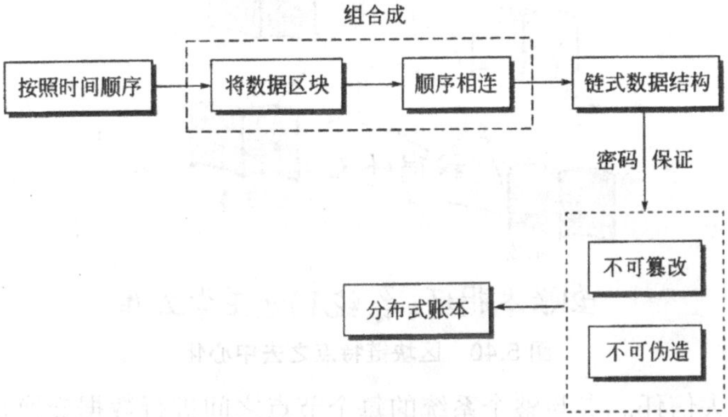
组合成
按照时间顺序
将数据区块
顺序相连
链式数据结构
密码
保证
不可篡改
不可伪造
分布式账本

图 5.38　区块链的狭义含义

广义来讲，区块链技术是利用块链式数据结构来验证与存储数据、利用分布式节点共识算法来生成和更新数据、利用密码学的方式保证数据传输和访问的安全、利用由自动化脚本代码组成的智能合约来编程和操作数据的一种全新的分布。分布式基础架构与计算范式如图 5.39 所示。

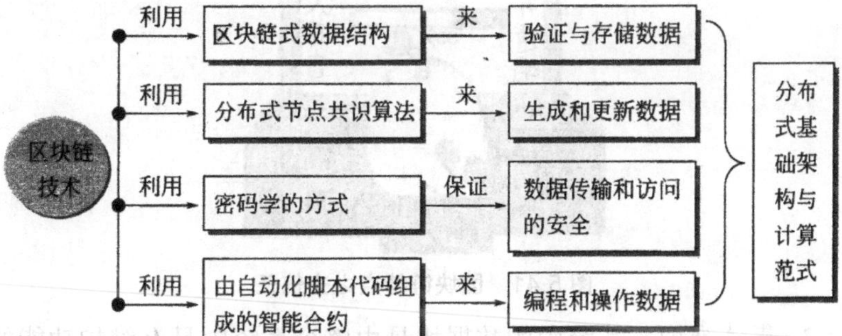
区块链技术
利用
区块链式数据结构
来
验证与存储数据
利用
分布式节点共识算法
来
生成和更新数据
利用
密码学的方式
保证
数据传输和访问的安全
利用
由自动化脚本代码组成的智能合约
来
编程和操作数据
分布式基础架构与计算范式

图 5.39　区块链的广义含义

2. 区块链的四大特点

经过无数次的记账，区块链就成为一个可信赖、超容量的公共账本。它具有以下几个特征。

（1）去中心化。在一个去中心化的金融系统中，没有中介机构，所有节点的权利和义务都相等，任意节点停止工作都不会影响系统整体的运作（图 5.40）。

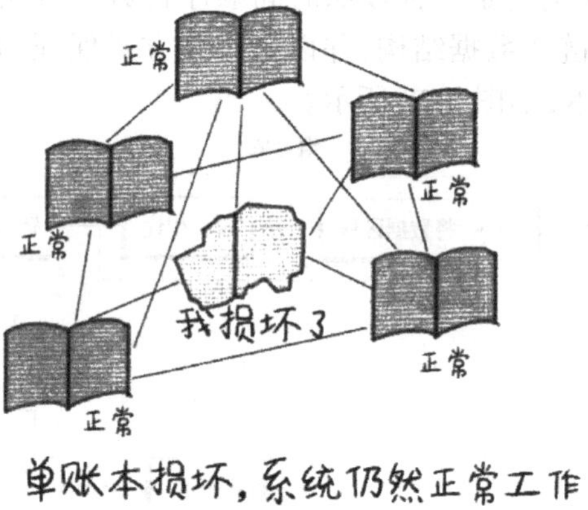
正常
正常
正常
正常
正常
我损坏了
单账本损坏，系统仍然正常工作

图 5.40　区块链特点之去中心化

（2）去信任。参与整个系统的每个节点之间进行数据交换是无须互相信任的，因为数据库和整个系统的运作规则是公开透明的，在系统指定的规则范围和时间范围内，节点之间是不能也无法欺骗其他节点的（图 5.41）。

区块链账本
公开透明
下载
35%
人人可查

图 5.41　区块链特点之去信任

（3）集体维护。系统中的数据块是由整个系统中具有维护功能的所有节点共同维护的，系统中所有人共同参与维护工作（图 5.42）。

（4）可靠的数据库。整个系统将通过分布式数据库的形式，让每个参与节点都能获得一份完整数据库的拷贝。除非能够同时控制整个系统中超过 51%的节点，否则单个节点上对数据库的修改是无效的，也无法影响其他节点上的数据内容。因此，参与系统中的节点越多、计算能力越强，该系统中的数据安全性越高（图 5.43）。

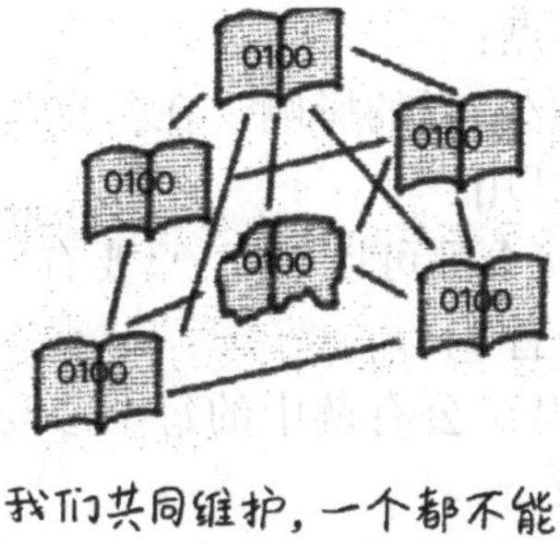
0100
我们共同维护，一个都不能少

图 5.42 区块链特点之集体维护

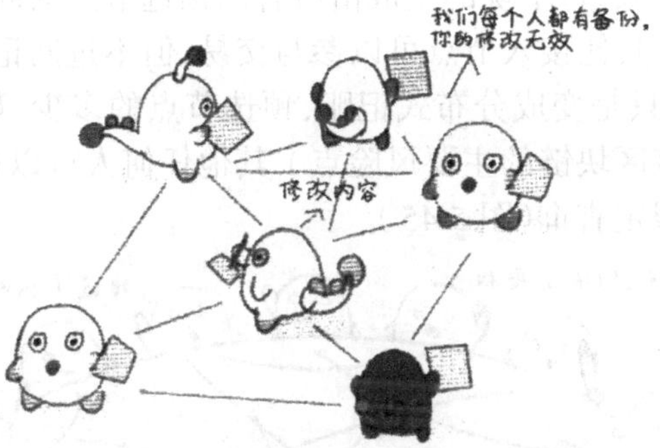
我们每个人都有备份，你的修改无效
修改内容

图 5.43 区块链特点之可靠的数据库

3. 区块链的分类

（1）公有区块链。公有区块链是指世界上任何个体或者团体都可以发送交易，且交易能够获得该区块链的有效确认，任何人都可以参与其共识过程（图 5.44）。

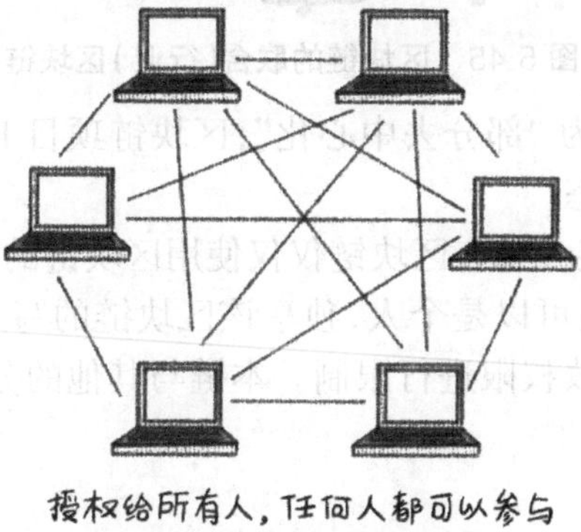
授权给所有人，任何人都可以参与

图 5.44 区块链的公有链

公有区块链是最早的区块链，也是目前应用最广泛的区块链，各大Bitcoins系列的虚拟数字货币均基于公有区块链，世界上有且仅有一条该币种对应的区块链。

公有链有如下几个特点：

1）保护用户免受开发发者的影响。在公有链中程序开发者无权干涉用户，区块链可以保护其用户。

2）访问门槛低。任何人都可以访问，只要有一台能够联网的计算机就能够满足基本的访问条件。

3）所有数据默认公开。公有链中的每个参与者可以看到整个分布式账本中的所有交易记录。

（2）联合（行业）区块链。行业区块链是由某个群体内部指定多个预选的节点为记账人，每个块的生成由所有的预选节点共同决定（预选节点参与共识过程），其他接入节点可以参与交易，但不过问记账过程（本质上还是托管记账，只是变成分布式记账，预选节点的多少、如何决定每个块的记账者成为该区块链的主要风险点），其他任何人可以通过该区块链开放的API进行限定查询（图5.45）。

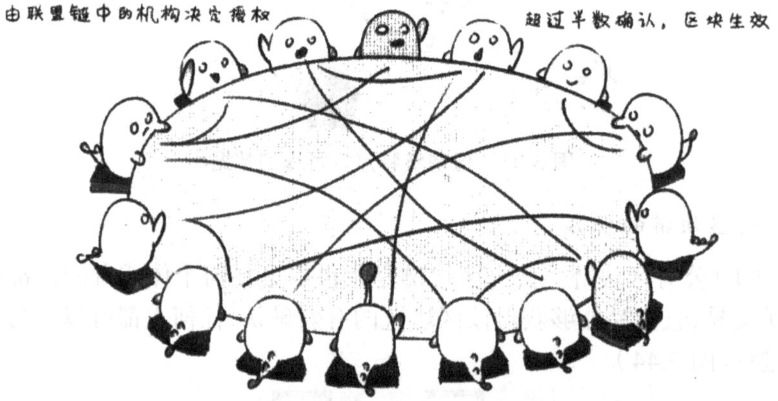
由联盟链中的机构决定授权
超过半数确认，区块生效

图5.45　区块链的联合（行业）区块链

联盟链可以视为“部分去中心化”，区块链项目R3 CEV就可以认为是联盟链的一种形态。

（3）私有区块链。私有区块链仅仅使用区块链的总账技术进行记账，可以是一个公司，也可以是个人，独享该区块链的写入权限，目的是对读取权限或者对外开放权限进行限制。本链与其他的分布式存储方案没有太大区别（图5.46）。

授权给单独的个人或实体

图 5.46　区块链的私有链

私有链有如下几个特点：

1）交易速度非常快。私有链中少量的节点具有很高的信任度，并不需要每个节点都来验证一个交易。因此，私有链的交易速度比公有链快很多。

2）为隐私提供更好的保障。私有链的数据不会被公开，不能被拥有网络连接的所有人获得。

3）交易成本大幅度降低甚至为零。私有链上可以进行完全免费或者至少说是非常廉价的交易。如果一个实体机构控制和处理所有的交接易，它就不再需要为工作收取费用。

4）有助于保护其基本的产品不被破坏。银行和传统的金融机构使用私有链可以保证它们的既有利益，以至原有的生态体系不被破坏。

4. 区块链的工作原理

那么，区块链究竟是如何工作的呢。如图 5.47 所示，我们假设 A 和 B 之间要发起一笔交易，A 先发起一个请求——我要创建一个新的区块，这个区块就会被广播给网络里的所有用户，所有用户验证同意后该区块就被添加到主链上。这条链上拥有永久和透明可查的交易记录。全球一本账，每个人都可以查找。

区块链技术实际上是一个分布式数据库，在这个数据库中记账不是由个人或者某个中心化的主体来控制的，而是由所有节点共同维护、共同记账的。所有的单一节点都无法篡改它。

如果你想篡改一个记录，你需要同时控制整个网络超过 51%的节点或计算能力才可以，而区块链中的节点无限多且无时无刻都在增加新的节点，这基本上是不可能完成的事情，而且篡改的成本非常高，几乎任何人都承担不起（图 5.48）。

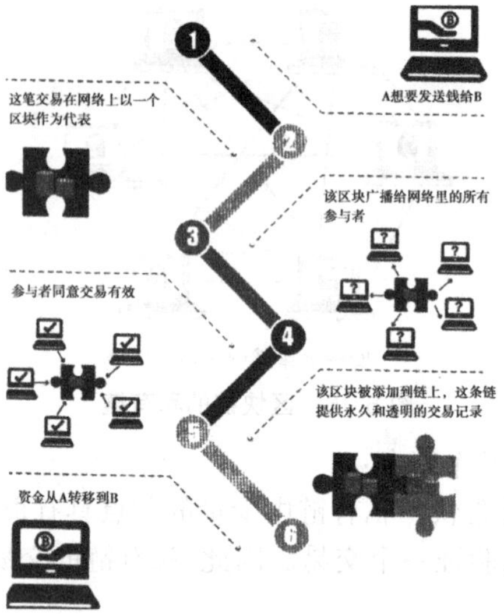
1
A想要发送钱给B
这笔交易在网络上以一个区块作为代表
2
该区块广播给网络里的所有参与者
3
参与者同意交易有效
4
该区块被添加到链上，这条链提供永久和透明的交易记录
5
资金从A转移到B
6

图 5.47　区块链的工作原理

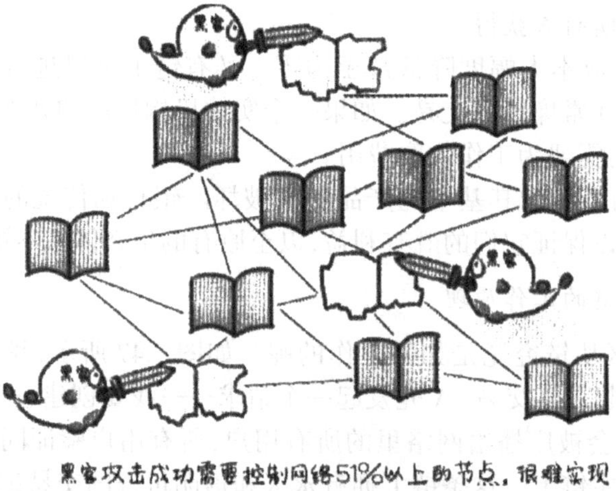
黑客
黑客
黑客
黑客攻击成功需要控制网络51%以上的节点，很难实现

图 5.48　篡改账本很难实现

5. 区块链与物联网

物联网是一个设备、车辆、建筑物和其他实体(嵌入了软件、传感器和网络连接)相互连接的世界,包括小到恒温器,大到自动驾驶汽车,如配有召唤模式的特斯拉 Model S 型轿车,这些都可以成为物联网的一部分。但是现在的物联网存在一些问题,如汽车系统可能会受到恶意攻击,房屋进入系统的安全性需要加强,还有互联网的安全挑战。而区块链的出现让这些问题都迎刃而解。

物联网作为互联网基础上延伸和扩展的网络,通过应用智能感知、识别技术与普适计算等计算机技术，实现信息交换和通信，同样能够满足区块链系统的部署和运营要求。

2015 年全球的物联网设备数量为 49 亿台，根据有关机构预测，2020 年将达到 250 亿台左右，如图 5.49 所示。

随着物联网中设备数量的增长，如果以传统的中心化网络模式进行管理，将带来巨大的数据中心基础设施建设投入及维护投入。

此外，基于中心化的网络模式也会存在安全隐患。区块链的去中心化特性为物联网的自我治理提供了方法，可以帮助物联网中的设备理解彼此，并让物联网中的设备知道不同设备之间的关系，实现对分布式物联网的去中心化控制。

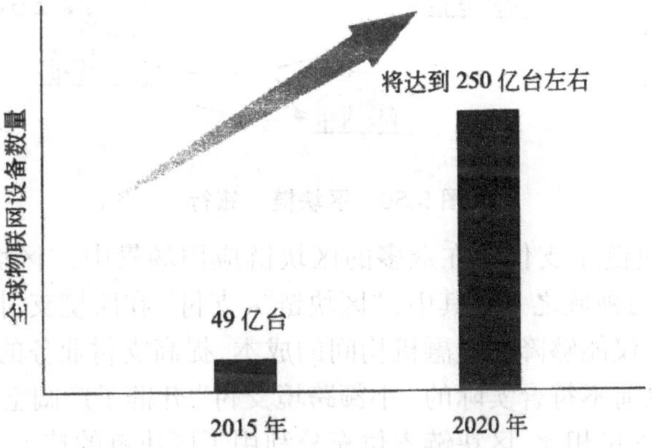
将达到 250 亿台左右
全球物联网设备数量
49 亿台
2015 年
2020 年

图 5.49　全球物联网设备数量发展预测

5.8.2　区块链的应用

目前，区块链应用已经从单一的数字货币应用延伸到金融、农业、能源、教育、医疗等多个领域，可以极大地改善我们的生活，有可能引发新一轮的技术创新和产业变革。

1. 区块链与金融

区块链技术第一个应用领域即为金融服务，由于该技术拥有的一系列优点，这一切都将革新现有金融系统，让它更加安全、高效、便捷。

（1）区块链 + 银行。在大多数国家的现有银行系统中，所有银行都是通过中央的电子账本进行账目核对的。这是一个中心化的结构，越靠近中心的机构，权限越多，储存的数据量也越多。而为了维护这个中心化系统中所有数据的准确性，银行需要付出巨大的运营成本。而凭借去中心化的特点，区块链技术可以为银行创建一个分布式的公开可查的网络，其中的所有交易数据是透明和共享的。利用区块链技术进行分布式记账可以削减无效的银行中介，节省很多运营成本（图 5.50）。

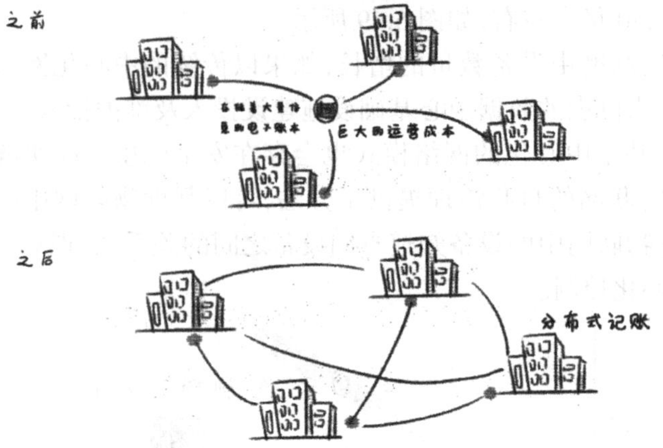
之前
巨大的运营成本
之后
分布式记账

图 5.50　区块链 + 银行

（2）区块链 + 支付。在众多的区块链应用场景中，“区块链 + 支付”是最受关注的领域之一。其中，“区块链 + 支付”在跨境支付领域的优势更为明显，不仅能够降低金融机构间的成本，提高支付业务的处理速度及效率，也为以前不符合实际的“小额跨境支付”开辟了广阔空间。

与传统支付相比，区块链支付充分利用了区块链的技术优点，在双方之间直接进行支付，不涉及中介机构，即使部分网络瘫痪也不影响整个系统运行，效率极高，成本更低。区块链支付与传统支付在支付结构上、储备金账户上有着明显的不同：在支付结构上，区块链支付是点对点直接进行支付的，中间没有任何中介机构且所有交易信息全网专享，切实减少了中间费用；传统支付模式中，资金转移支付最终都是由银行完成的。在储备金账户上，传统支付中银行支付常采用活跃于特定网络的中央交易方来为借贷双方进行支付结算；在区块链体系中不同银行之间可以基于私有区块链实现，从而摆脱关联银行的参与，直接进行实时支付。

区块链在支付领域目前是其技术应用中进展最快的，区块链技术能够避开繁杂的系统，在付款人和收款人之间创造更直接的付款流程，不管是境内转账还是跨境转账，这种方式都有着低价、迅速的特点，而且无须中间手续费。

（3）区块链 + 保险。为保险行业提供软件服务的 Blem 近期推出了一个新产品，这个产品使用区块链技术，可以储存所有的索赔记录。这种基于分布式账簿的产品使承保人和再保人明确索赔记录和互相的责任。

用区块链技术储存记录可以说是帮了保险公司一个大忙，同时对客户来说也是一大安慰，因为他们终于能放下心来，确定保险公司不会偷偷地更改投保金额、索赔和结算等记录。无论记录何时被上传到区块链，都会被加上时间戳，任何人都不能更改。就算真的有人企图更改记录，这种修改行为会连同获取记录的密钥被详细记录下来。

同时，区块链技术在保险领域还能用于自动结算索赔。保险经纪公司可以根据存储在区块链上的保单创建对应的智能合约，合约上包含具体的支付方式和合约执行的前提条件。当有索赔发生时，保险调查员可以核查索赔，在区块链上记录他们的调查结果。这样，整个保险流程就像是一条流水线，可以减少时间和人力资源，同时减少投保人收到赔款的时间。

2. 区块链与社会公益

随着互联网技术的发展，社会公益的规模、场景、辐射范围及影响力得到空前扩大，"互联网 + 公益"、普众慈善、指尖公益等概念逐步进入公益主流。同时，各式各样的公益项目借助互联网，实现丰富多彩的传播，使公益的社会影响力被成百倍地放大。

然而，在过去几年里，公益慈善行业时不时地曝出一些"黑天鹅"事件，极大地打击了民众对公益行业的信任度。公益信息不透明不公开，是社会舆论对公益机构、公益行业的最大质疑。公益透明度影响了公信力，公信力决定了社会公益的发展速度。信息披露所需的人工成本，又是掣肘公益机构提升透明度的重要因素。

慈善机构要获得持续支持，就必须具有公信力，而信息透明是获得公信力的前提。公众关心捐助的钱款、物资发挥了怎样的作用，既要知道公益机构做了什么，也要知道花了多少、成本有多高。这种公信度的高低和公益的成效决定了公益机构能否获得公众的认同和持久支持。

区块链从本质上来说，是利用分布式技术和共识算法重新构造的一种信任机制，是用共信力助力公信力。为了进一步提升公益透明度，公益组织、支付机构、审计机构等均可加入进来作为区块链系统中的节点，以联盟的形式运转，方便公众和社会监督，让区块链真正成为"信任的机器"，助力社会公益的快速健康发展。

区块链中智能合约技术在社会公益场景也可以发挥作用。在对于一些更加复杂的公益场景，比如定向捐赠、分批捐赠、有条件捐赠等，就非常适合用智能合约来进行管理，使得公益行为完全遵从于预先设定的条件，更加客观、透明、可信，杜绝过程中的"猫腻"行为。

3. 区块链与农业

我国农业的现状存在着诸多问题，例如，生产经营传统、粗放，没有完全摆脱靠天吃饭的局面；生产过程中存在大量资源和能源消耗，严重破坏生态环境；农业智能化水平不高；法律约束、监管力度不够，食品安全问题频频发生……

基于我国农业现状，可与区块链技术结合的方向有两个：商品化与农业保险。

（1）商品化与区块链：消费流程全透明。生产商可运用互联网身份标识技术，将生产出来的每件产品的信息全部记录在区块链中，在区块链中形成某一件商品的产出轨迹。

例如，小张自产了10斤非转基因小麦，于是他在区块链上添加一条初始记录：小张于某日生产了10斤小麦。接下来，小张把这10斤小麦卖给了去集市赶集的小刘，于是区块链上又增加了一条记录：小刘于某日收到了小张的10斤小麦。之后，小刘把小麦卖给了城里的面包房，区块链上新增记录：面包房于某日收到了小刘的10斤小麦。接着，面包房把小麦做成了面包。最终，当消费者购买面包时，只需在区块链上查询相关信息，就可以追溯面包的整个生产过程，从而鉴定真伪。

（2）农业保险与区块链：提升农业智能化。将区块链技术与农业保险相结合，不仅可以有效减少骗保事件，还能大幅简化农业保险的办理流程，提升农业保险的赔付智能化。比如，一旦检测到农业灾害，区块链就会自动启动赔付流程，这样一来，不仅赔付效率显著提升，骗保问题也将迎刃而解。

4. 区块链与教育

区块链技术的产生，被认为是颠覆性的、新一代的互联网技术，可以应用于各行各业中，教育行业也可以借助区块链技术而变革、发展。

区块链技术能够通过分享去公正地分配公共社会资源，包括教育资源，同时可以进行在全球范围内的身份和学历验证，在一个更加公平的平台上公开竞争，避免了人为地对教育资源的不公正的操纵与欺骗。具体来说，区块链应用于教育行业具有如图5.51所示的意义。

区块链技术有望在互联网+教育生态的构建上发挥重要作用，其教育应用价值与思路主要体现在如图5.52所示的六大方面。

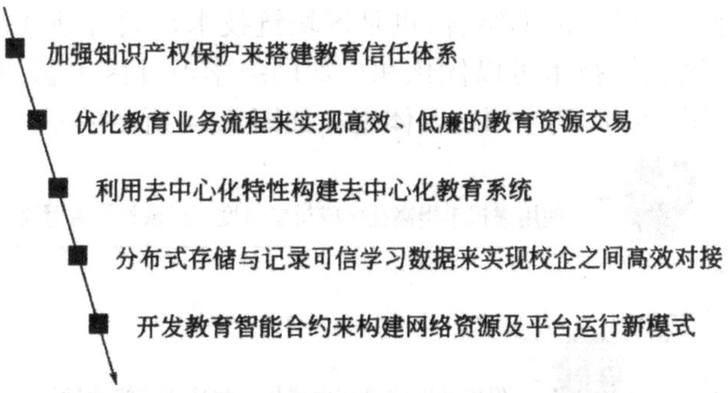
加强知识产权保护来搭建教育信任体系
优化教育业务流程来实现高效、低廉的教育资源交易
利用去中心化特性构建去中心化教育系统
分布式存储与记录可信学习数据来实现校企之间高效对接
开发教育智能合约来构建网络资源及平台运行新模式

图 5.51　区块链应用于教育行业的意义

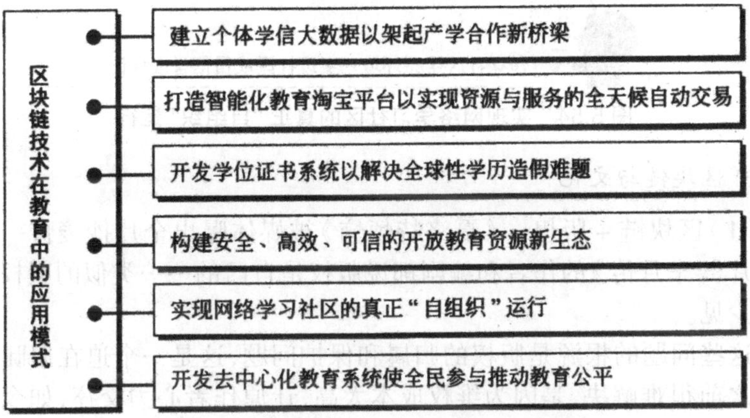
区块链技术在教育中的应用模式
建立个体学信大数据以架起产学合作新桥梁
打造智能化教育淘宝平台以实现资源与服务的全天候自动交易
开发学位证书系统以解决全球性学历造假难题
构建安全、高效、可信的开放教育资源新生态
实现网络学习社区的真正“自组织”运行
开发去中心化教育系统使全民参与推动教育公平

图 5.52　区块链技术在教育中的应用模式

近年来，开放教育资源（Open Educational Resources，OER）蓬勃发展，为全世界的教育者和受教育者提供了大量免费、开放的数字资源，但同时也面临版权保护弱、运营成本高、资源共享难、资源质量低等诸多现实难题。构建安全、高效、可信的开放教育资源新生态是当前国际 OER 领域发展的新方向。区块链技术有望成为解决上述难题的“利器”，推动 OER 向更高层次发展。具体如图 5.53 所示。

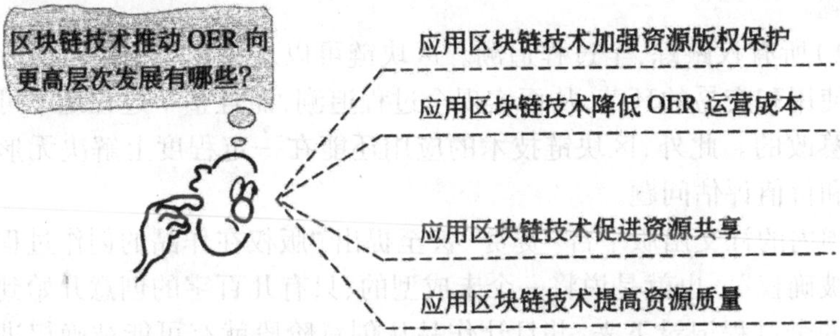
区块链技术推动 OER 向更高层次发展有哪些?
应用区块链技术加强资源版权保护
应用区块链技术降低 OER 运营成本
应用区块链技术促进资源共享
应用区块链技术提高资源质量

图 5.53　区块链技术推动 OER 向更高层次发展

区块链与在线社区的结合，也是区块链技术在教育领域很有前景的应用方向。区块链技术可以优化和重塑网络学习社区生态，实现社区的真正“自组织”运行，其应用主要体现在如图 5.54 所示的三个方面。

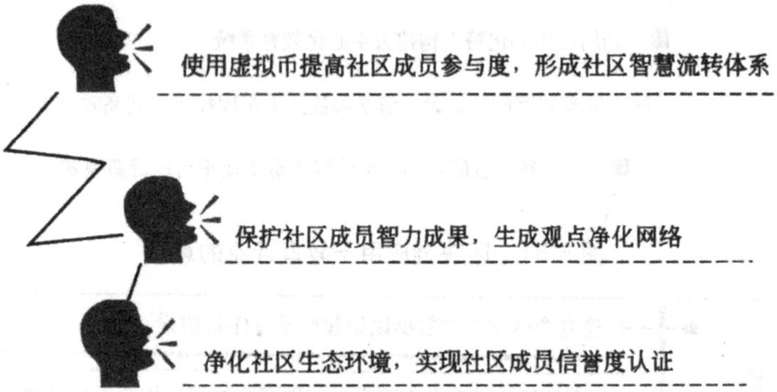
使用虚拟币提高社区成员参与度，形成社区智慧流转体系
保护社区成员智力成果，生成观点净化网络
净化社区生态环境，实现社区成员信誉度认证

图 5.54 实现网络学习社区的真正“自组织”运行

5. 区块链与文化

（1）区块链 + 版权 。《夏洛特烦恼》被媒体曝出全片抄袭自一个美国老片，《芈月传》的作者和编剧都说版权是自己的……类似的版权问题并不少见。

这些问题的根源是版权的归属和保护问题，这是一个迫在眉睫的问题。之前很难解决，是因为维权成本太高，让原作者心力交瘁，如今有了区块链，该出手的时候就要果断出手了。

我们来看看如何利用区块链技术解决版权问题。

1）宣布所有权，加盖时间戳。创作者可以将自己的原创作品及相关协议上传至区块链，随后，将会生成一个与文件对应的哈希值。在之后的交易中，可以将文件的加密哈希值插入其中，当这笔交易被区块链矿工打包到一个区块后，该区块的时间戳就成为该文件的时间戳。这张哈希值 + 时间戳的数字证书将在一定程度上解决存在证明和作品时效性的问题。

2）所有权跟踪，全过程追溯。区块链可以从头到尾记录下所有涉及版权使用和交易的环节，从而实现全过程追溯，而且整个过程是不可逆且不可篡改的。此外，区块链技术的应用还能在一定程度上解决无形资产确权和价值评估问题。

国内的社交出版平台“赞赏”甚至提出“版权在作品的创作过程中就应该被确权”。也就是说将一个未成型的、只有几百字的创意开始到作品成型的全过程记录下来，并且让作品从创意阶段就有可能被确权进入交易环节。

“赞赏”期望通过智能合约规范所有作品权利的行使与追溯，同时在作品创作过程中即引入版权服务商进行交易。

这可以被称作区块链的版权一条龙服务，从源头到产品，一旦确权便不可修改。我们可以设想一下，如果区块链版权证明大规模推广，那些抄袭者们也不会像如今这样猖狂。

当然，利用区块链技术解决版权维护问题也面临着很大挑战。例如，区块链技术的商业化应用和大众化普及率依然很低；区块链技术的相关法律还不够完善；哈希值的生成花费巨大，从而增加了过程成本，等等。

（2）区块链＋艺术品交易。传统艺术品交易中确权问题始终存在，从艺术品的物权、版权、人身权、财产权的归属，到艺术品每次流转记录的认可，都缺少长期有效且具有公信力的方法来确立归属。

目前传统的艺术品交易市场上也存在着一些信用问题，如艺术品伪造。另外，艺术品估价权威难以衡定也时常困扰着人们。针对上述弊端，区块链应用于艺术品市场一直被认为是新的行业机会，其为行业带来的最根本转变如图 5.55 所示。

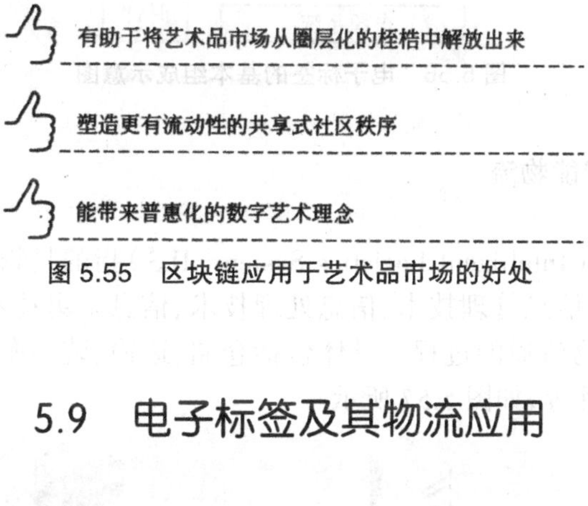
有助于将艺术品市场从圈层化的桎梏中解放出来
塑造更有流动性的共享式社区秩序
能带来普惠化的数字艺术理念

图 5.55　区块链应用于艺术品市场的好处

5.9　电子标签及其物流应用

5.9.1　电子标签

电子标签（Tag）又称为射频标签或应答器，基本上是由天线、编 / 解码器、电源、解调器、存储器、控制器及负载电路组成的，其框图如图 5.56 所示。

其中，天线部分主要用于数据通信和获取射频能量。天线电路获得的载波信号的频率经过分频后，分频信号可以作为应答器 CPU、存储器、编 / 解码电路单元工作所需的时钟信号。

RFID 标签中存有被识别目标的相关信息，由耦合元件及芯片组成，每个标签具有唯一的电子编码,附着在物体上标识目标对象。标签有内置天线,用于和 RFID 射频天线间进行通信。RFID 电子标签包括射频模块和控制模块两部分,射频模块通过内置的天线来完成与 REID 读写器之间的射频通信,控制模块内有一个存储器,它存储着标签内的所有信息。RFID 标签中的存储区域可以分为两个区:一个是 ID 区——每个标签都有一个全球唯一的 ID 号码,即 UID。UID 是在制作芯片时存放在 ROM 中的,无法修改。另一个是用户数据区,是供用户存放数据的,可以通过与 RFID 读写器之间的数据交换来进行实时的修改。当 RFID 电子标签被 RFID 读写器识别到或者电子标签主动向读写器发送消息时,标签内的物体信息将被读取或改写。

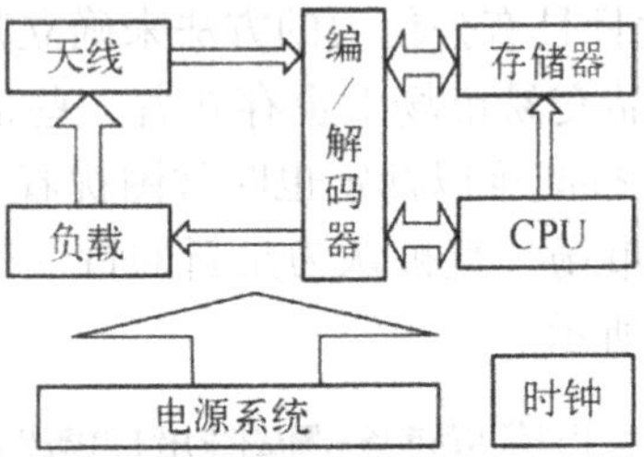
天线
编/解码器
存储器
负载
CPU
电源系统
时钟

图 5.56 电子标签的基本组成示意图

5.9.2 智能物流

智能物流(Intelligent Logistics System, ILS)指的是物流系统和网络采用了先进的信息管理技术、信息处理技术、信息采集技术、信息流通技术等,实现货物流通的过程。具体包括仓储、运输、装卸搬运、包装、流通加工、信息处理等,如图 5.57 所示。

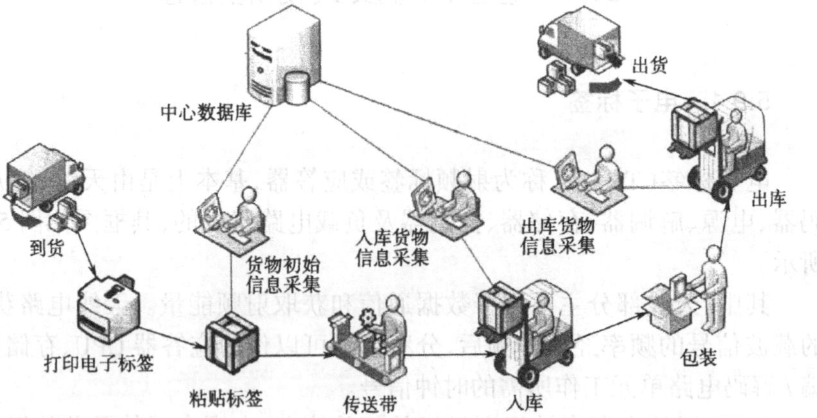
中心数据库
出货
出库
到货
货物初始信息采集
入库货物信息采集
出库货物信息采集
打印电子标签
粘贴标签
传送带
入库
包装

图 5.57 智能物流

随着物流信息化水平的提高，物流过程的信息化管理要求也越来越迫切，而信息化手段的引入也在悄悄地改变或影响着物流过程的具体形式。物流过程如图 5.58 所示。

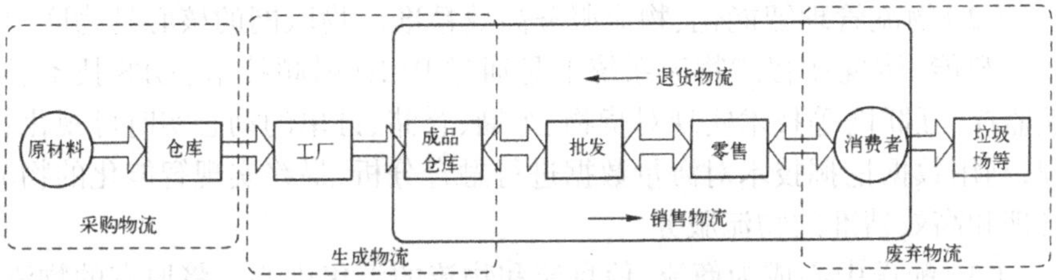
退货物流
原材料
仓库
工厂
成品
仓库
批发
零售
消费者
垃圾
场等
销售物流
采购物流
生成物流
废弃物流

图 5.58　物流过程流程图

1. 智能物流系统组成

智能物流系统由以下两部分组成，如图 5.59 所示。

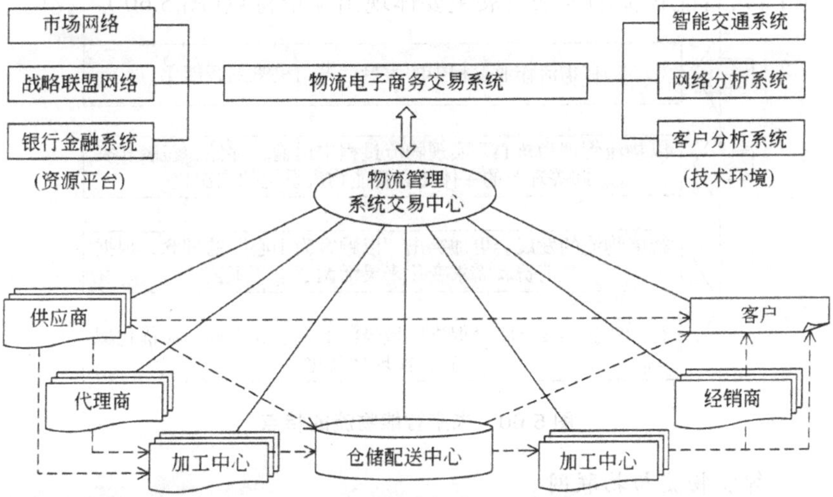
市场网络
战略联盟网络
银行金融系统
(资源平台)
物流电子商务交易系统
智能交通系统
网络分析系统
客户分析系统
(技术环境)
物流管理
系统交易中心
供应商
客户
代理商
经销商
加工中心
仓储配送中心
加工中心

图 5.59　智能物流系统结构图

（1）智能物流管理系统：利用互联网、RFID 射频技术、移动互联网、卫星定位技术等先进技术，建立起信息系统来完成订单处理、货代通关、库存设计、货物运输和售后服务等工作，从而实现客源优化、货物流程控制、数字化仓储、客户服务管理和货运财务管理的信息支持。

（2）该系统应用了先进的网络技术、智能交通系统和银行金融系统等，使物流服务向电子化、网络化和虚拟化交易发展，为物流服务提供方实现收益。

2. 智能物流的特性

（1）物流信息的开放性、透明性。大量信息技术的应用，海量物流信息的数据处理能力，以及物联网的开放性，使智能物流系统建立了一个开放性的管理平台和运营平台，这个平台提供精准完善的物流服务，为客户提供产品市场调查、分析、预测，产品采购和订单处理等。

（2）物流管理智能化、物流服务高效精准。物联网的核心是物联、互联和智能，体现在智能物流系统上是通过 RFID 射频技术、GPS 技术、视频监控、互联网等技术实现对货物、车辆、仓储、订单的动态实时可视化管理，利用数据挖掘技术对海量数据进行融合分析，最终实现智能化的物流管理和高效精准的物流服务。

（3）配送中心成为商流、信息流和物流的汇集中心。将原有的物流、商流和信息流"三流分立"有机地结合在一起，畅通、准确、及时的信息才能从根本上保证商流和物流的高质量和高效率。

物流业将传统物流技术与智能化系统运作管理相结合提供了一个很好的平台，智能物流的未来发展主要体现出 4 个特点（图 5.60）。

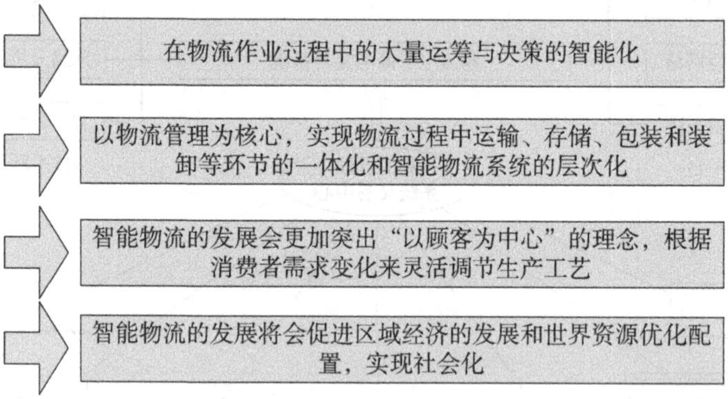
在物流作业过程中的大量运筹与决策的智能化
以物流管理为核心，实现物流过程中运输、存储、包装和装卸等环节的一体化和智能物流系统的层次化
智能物流的发展会更加突出"以顾客为中心"的理念，根据消费者需求变化来灵活调节生产工艺
智能物流的发展将会促进区域经济的发展和世界资源优化配置，实现社会化

图 5.60　未来智能物流的特点

3. 智能物流与物联网

智能物流与物联网的关系表现在 3 个方面：

第一，物联网技术覆盖智能物流运行的全过程。

第二，智能物流中"虚拟仓库"的概念需要由物联网技术来支持。

第三，智能物流运行过程须由物联网来支持。

智能物流物联网的相关技术有射频识别技术、定位与跟踪技术、集装箱识别与验残技术、船舶自动识别技术（Automatic Identification System，AIS）、电子数据交换技术等。

5.9.3　智能物流的应用案例

（1）条形码技术的应用。条形码技术能够在很大程度上提高仓库管理过程中的精确性，有效地降低手工管理中存在的出货错误，而且由于其成本极低、部署简单，仍然在很多仓库及物流环节中普遍使用。基于 RFID 的仓库管理系统在现有 CFS 仓库管理中引入 RFID 技术，对 CFS 仓库入库、出库等各个作业环节的数据进行自动化采集，保证各个环节数据输入的效率和准确性，确保管理人员及时准确地掌握 CFS 仓库内的实时数据，极大地提高了 CFS 仓库管理的工作效率，如图 5.61 所示。

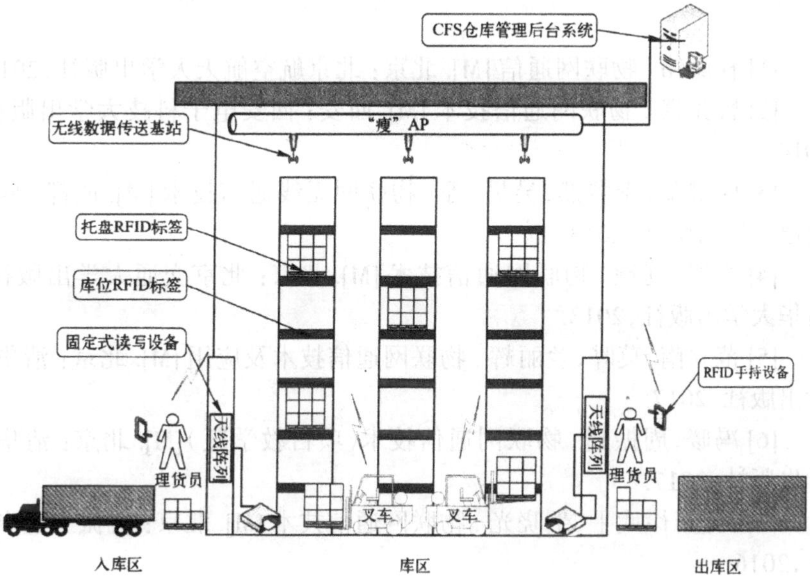
CFS仓库管理后台系统
无线数据传送基站
"瘦"AP
托盘RFID标签
库位RFID标签
固定式读写设备
RFID手持设备
天线阵列
天线阵列
理货员
理货员
叉车
叉车
入库区
库区
出库区

图 5.61　基于物联网技术的智能 CFS 仓库管理系统

（2）智能配送系统。配送中心是物流领域的重要终端系统，也是一个小型物流系统，它有效地解决了企业和用户之间需求不对应的矛盾，如图 5.62 所示，通过配送中心，厂商和用户的物流管理将变得简单而高效，物流成本将迅速下降。

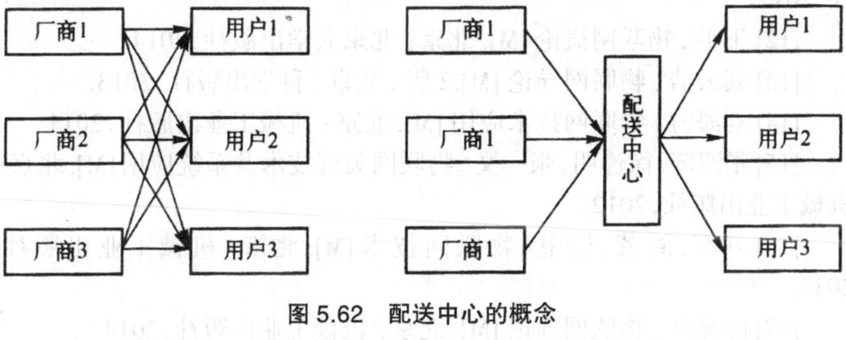
厂商1
厂商2
厂商3
用户1
用户2
用户3
厂商1
厂商1
厂商1
配送中心
用户1
用户2
用户3

图 5.62　配送中心的概念

参考文献

[1] 杜庆伟 . 物联网通信 [M]. 北京：北京航空航天大学出版社，2015.

[2] 曾宪武 . 物联网通信技术 [M]. 西安：西安电子科技大学出版社，2014.

[3] 谢健骊，李翠然，吴昊，等 . 物联网无线通信技术 [M]. 成都：西南交通大学出版社，2013.

[4] 李旭，刘颖 . 物联网通信技术 [M]. 北京：北京交通大学出版社；清华大学出版社，2013.

[5] 范立南，莫晔，兰丽辉 . 物联网通信技术及应用 [M]. 北京：清华大学出版社，2017.

[6] 冯暖，周振超 . 物联网通信技术（项目教学版）[M]. 北京：清华大学出版社，2017.

[7] 吕慧，徐武平，牛晓光 . 物联网通信技术 [M]. 北京：机械工业出版社，2016.

[8] 何腊梅 . 通信技术与物联网研究 [M]. 北京：中国纺织出版社，2018.

[9] 屈军锁 . 物联网通信技术 [M]. 北京：中国铁道出版社，2011.

[10] 徐勇军 . 物联网关键技术 [M]. 北京：电子工业出版社，2015.

[11] 徐勇军，刘禹，王峰 . 物联网关键技术 [M]. 北京：电子工业出版社，2012.

[12] 王平 . 物联网概论 [M]. 北京：北京大学出版社，2014.

[13] 刘云浩 . 物联网导论 [M].2 版 . 北京：科学出版社，2013.

[14] 刘海涛 . 物联网技术应用 [M]. 北京：机械工业出版社，2011.

[15] 张鸿涛，徐连明，张一文 . 物联网关键技术及系统应用 [M]. 北京：机械工业出版社，2012.

[16] 刘军，阎芳，杨玺 . 物联网技术 [M]. 北京：机械工业出版社，2013.

[17] 薛燕红 . 物联网导论 [M]. 北京：机械工业出版社，2014.

[18] 鄂旭 . 物联网关键技术及应用 [M]. 北京：清华大学出版社，2013.

[19] 陈勇，罗俊海，朱玉全，等 . 物联网技术概论及产业应用 [M]. 南京：东南大学出版社，2013.

[20] 吴功宜，吴英 . 物联网技术与应用 [M]. 北京：机械工业出版社，2015.

[21] 李建功，王建全，王晶，等 . 物联网关键技术与应用 [M]. 北京：机械工业出版社，2012.

[22] 杨震 . 物联网的技术体系 [M]. 北京：北京邮电大学出版社，2013.

[23] 吴大鹏 . 物联网的技术与应用 [M]. 北京：电子工业出版社，2012.

[24] 江苏赛联信息产业研究院 . 物联网 [M]. 南京：江苏人民出版社，2012.

[25] 暴建民 . 物联网技术与应用导论 [M]. 北京：人民邮电出版社，2011.

[26] 张春红，裘晓峰，夏海轮，等 . 物联网技术与应用 [M]. 北京：人民邮电出版社，2011.

[27] 张春红，裘晓峰，夏海轮，等 . 物联网关键技术及应用 [M]. 北京：人民邮电出版社，2017.

[28] 熊茂华，熊昕 . 物联网技术与应用开发 [M]. 西安：西安电子科技大学出版社，2012.

[29] 刘吆和 . 物联网原理与应用技术 [M]. 北京：机械工业出版社，2011.

[30] 吴成东，徐久强，张云洲 . 物联网技术与应用 [M]. 北京：科学出版社，2012.

[31] 石志国，王志良，丁大伟 . 物联网技术与应用 [M]. 北京：清华大学出版社，2012.

[32] 李永忠，张明，张绛丽，等 . 物联网信息安全 [M]. 西安：西安电子科技大学出版社，2016.

[33] 廖建尚 . 物联网开发与应用 [M]. 北京：电子工业出版社，2017.

[34] 许小刚，王仲晏 . 物联网商业设计与案例 [M]. 北京：人民邮电出版社，2017.

[35] 董耀华 . 物联网技术与应用 [M]. 上海：上海科学技术出版社，2011.

[36] 闫连山，彭代渊，叶佳，等．物联网技术与应用 [M]. 北京：高等教育出版社，2015.

[37] 武奇生，姚博彬，高荣，等．物联网技术与应用 [M].2 版．北京：机械工业出版社，2016.

[38] 武奇生，刘盼芝．物联网技术与应用 [M]. 北京：机械工业出版社，2011.

[39] 尼特什·汉加尼．物联网设备安全 [M]. 林林，陈煜，龚亚君，译．北京：机械工业出版社，2017.

[40] 丁飞．物联网开放平台 [M]. 北京：电子工业出版社，2018.

[41] 董建．物联网与短距离无线通信技术 [M]. 北京：电子工业出版社，2012.

[42] 黄玉兰．物联网射频识别（RFID）技术与应用 [M]. 北京：人民邮电出版社，2013.

[43] 徐雪慧．物联网射频识别技术与应用 [M]. 北京：电子工业出版社，2015.

[44] 刘伟荣，何云．物联网与无线传感器网络 [M]．北京：电子工业出版社，2013.

[45] 王平，王恒．无线传感器网络技术及应用 [M]. 北京：人民邮电出版社，2016.

[46] 赵成，郭荣幸．无线传感器技术：基于 CC2530 与 STM32W108 芯片的实例与实训 [M]. 北京：邮电大学出版社，2016.

[47] 崔逊学，左从菊．无线传感器网络简明教程 [M].2 版．北京：清华大学出版社，2015.

[48] 陈驰，于晶．云计算安全体系 [M]. 北京：科学出版社，2014.

[49] 赵刚．大数据技术与应用实践指南 [M]. 北京：电子工业出版社，2016.

[50] 王鹏，李俊杰，谢志明，等．云计算和大数据技术 [M]. 北京：人民邮电出版社，2016.

[51] 曾剑平．互联网大数据处理技术与应用 [M]. 北京：清华大学出版社，2017.

[52] 陶皖．云计算与大数据 [M]. 西安：西安电子科技大学出版社，2014.

[53] 陆平，赵培，王志坤，等．云计算基础架构及关键应用 [M]. 北京：机械工业出版社，2016.

[54] 武志学．云计算导论：概念架构与应用 [M]. 北京：人民邮电出

版社,2016.

[55] 许守东 . 云计算技术应用与实践 [M]. 北京：中国铁道出版社，2013.

[56] 中睿通信规划设计有限公司,黄劲安 . 迈向 5G——从关键技术到网络部署 [M]. 北京：人民邮电出版社,2018.

[57] 俞一帆,任春明,阮磊峰,等 .5G 移动边缘计算 [M]. 北京：人民邮电出版社,2017.

[58] 徐明星,田颖,李霁月 . 图说区块链：神一样的金融科技与未来社会 [M]. 北京：中信出版社,2017.

[59] 董超 . 一本书搞懂区块链技术应用 [M]. 北京：化学工业出版社，2018.

[60] 中国区块链应用研究中心 . 图解区块链 [M]. 北京：首都经济贸易大学出版社,2016.

[61] 杨梁,巩秀钢 .ZigBee 技术在井下瓦斯浓度监测中的应用 [J]. 山东理工大学学报(自然科学版),2010（2）：97-100.

[62] 夏益民,梅顺良,江亿 . 基于 Zigbee 的无线传感器网络 [J]. 微计算机信息,2007（4）：129-130.

[63] 季文文 . 物联网的关键技术及计算机物联网的应用 [J]. 中国战略新兴产业,2018（24）：105.

[64] 黄永昌 . 物联网技术信息化应用研究 [J]. 中国高新区,2018(11)：236.

[65] 王玲玲 . 物联网的关键技术及应用 [J]. 科技创新与应用,2018（15）：161-162.

[66] 王强 . 基于物联网大数据处理的关键技术研究 [J]. 电脑知识与技术,2018,14（12）：29-31,39.

[67] 赵琰 . 物联网技术与应用分析 [J]. 河北企业,2018（2）：162-163.

[68] 苗燕 . 物联网技术与应用简述 [J]. 智慧工厂,2018（4）：67-69.

[69] 张科星 . 物联网关键技术分析 [J]. 现代信息科技,2018,2（2）：189-191.

[70] 肖粮萍 . 计算机物联网关键技术及应用分析 [J]. 中国高新区，2018（4）：182.